JN171126

大宇宙のしくみが解かってきた！

21の仮説群による驚きの統合宇宙論

まえがき

皆さん、「宇宙」という言葉で何を思い浮かべますでしょうか？
太陽、惑星、恒星、それらが多数集まった銀河などの「天体」を思い浮かべる方々が多いかと思います。たしかに、宇宙空間に拡がる無数の天体は、壮大で神秘的なイメージを思い浮かべさせてくれます。しかし、それだけだとすると我々の日常生活にとって宇宙は最重要の存在とは言えません。しばらく宇宙を忘れていても実生活で困ることもありません。時々星空を見上げて感動に浸る程度に留まってしまいます。

本書では、宇宙空間に拡がる無数の天体だけでなく、見ることのできない「心」（意識）、「いのち」（生命）、「気」（エネルギー）なども、宇宙の重要な要素として考えます。すなわち、私たちを取り囲む全ての環境、およびそこに生まれる全ての現象を含めた「広い宇宙」、「大宇宙」のしくみを考えていこうとしています。
生物や生命体は見えます。しかしそれらの本質である「いのち」は見えません。心、いのち、エネルギーなどは、見えないが故に、なかなか明確に認識されません。
特に、見える物質の世界を扱う「科学」が脚光を浴びている現代では、見えないものは「非科学」として片隅に追いやられている感さえあります。そして「科学」と「非科学」は、水と油のように容易には交わりません。しかし、人間にとって見えないものが極めて重要であることは何ら変わりません。本書は、見えない「心、意識、いのち、気」などに光を当てて、物質中心の「宇宙」だけでなく、非物質を含めた「大宇宙のしくみ」を読み解いていきたいと考えています。

ここ100年あまりで科学技術が急速に進歩し、私たちの生活はとても快適で便利なものに変わってきました。その結果科学が評価され、何でも科学で解明できると考えている方々が増えてきたように思います。科学で証明できないものは怪しいと考える方々までおられます。しかし、それは間違いです。
科学の結果は常に正しいとは限りません。科学は仮説の積み上げに過ぎません。正しくない場合も少なくないのです。だからこそ進歩しているという一面もあります。
例えば、ニュートン力学は数百年にわたって支持され、21世紀の現在においても、地上で使用されるほとんどの機械・装置類はニュートン力学を用いて設計・製造されています。しかし100年前のアインシュタインの相対性理論の登場によって、ニュートン力学は正しくないことが判明しました。超高速で移動する物体や、宇宙空間と関連を持つ場合は、誤差が大きくなって使用できなくなります。そして、アインシュタインの相対性理論もまた、超ミクロ（素粒子）の極微の世界やブラックホールの中心（特異点）などでは適用できないことが解かっています。
すなわち、ある限定した領域で使用できても、領域を広げると適用できなくなる理論は不完全であり、正しいとは言えないのです。そのような実例は山ほどたくさんあります。ダーウィンの進化論も同様です。ダーウィンの進化論で説明できない生物の実際例が沢山あるのです。古い仮説が新しい仮説によって否定され、置き換えられていくのが科学の進歩と言っても良いと思います。

科学の守備範囲は限られています。実はとても狭いのです。科学の対象は、見えるものだけが対象です。いかなる高性能装置を使ってもよいから、直接観測できるものが科学の対象です。そして再現可能で客観性のある事象（条件さえ同じなら、誰がやっても、何時やっても同じ結果が得られる事象）だけを扱います。
一方、「心」は見えません。心とは何か？　について明確に説明することはできません。自分自身の心でさえその深層や潜在意識がどのようなものか解かりません。生命体（肉体）を見ることはできても、その本質である「いのち」は見えません。日本で昔から「気」と呼ばれている気のエネルギーも見ることができません。心も気もいのちも見えないし、客観性も再現性も不十分なため、科学では真正面から扱えません。
科学で説明できないことは「非科学」的であるとして片隅に追いやって

しまうと、科学の対象範囲外の世界はすっかり抜け落ちてしまいます。最も大事な人間や生命体の真の姿に近づけないことになります。例えて言えば、科学は見ることができる「物」の表面だけを扱い、見えない内側は知らん振りをしているのに似ています。

科学の世界を大きく分けると、超マクロ（宇宙天文学）の世界、超ミクロ（素粒子）の世界、そしてその中間の世界に分けて考えることができます。
実は、超マクロと超ミクロの科学の最先端では、解からないことや理解不能な不思議が満ちています。謎だらけなのです。そしてその中間の領域では大分理解が進んできましたが、こと生き物に関しては不思議がいっぱい満ち溢れています。
この宇宙には不思議が満ち満ちています。それらの中には、見えない非物質の世界にまで意識を拡げていかないと理解できない不思議が数多くあると感じています。

本書は、2014年１月から2015年11月の間に隔週発行してきた無料メールマガジン「宇宙の不思議・いのちの不思議」を基にしています。タイトルを「大宇宙のしくみが解かってきた！」に変え、イラストなどを追加して多少編集しましたが、基本的にはほとんどそのままで書籍化いたしました。

現代科学の最先端ではどこまで解かってきたのか、そして何が解かっていないのか、などについて大掴みに概観するところから先ず始めてみたいと思います。
第１章から第３章までが、現在の科学の大雑把な俯瞰です。超要約であって、解説を目的にしていませんので、科学が苦手な方は適当に流し読みしてください。
第４章がいのちや人間の不思議に関する概観、第５章が大宇宙のしくみに関する私の仮説群の説明です。

前著「ガンにならない歩き方」でも、気とは何か？　心とは何か？　について私の仮説を簡単にご紹介してきました。しかし前著は「ガン予防」がメインテーマであったため、これらにスペースを多く割けませんでした。今回は見えない領域、非物質の世界に重点を置いて話を進めていきます。
なお、「ガンにならない歩き方」は、本（1300円＋税）と電子書籍（300円＋税）の２種類があります。発売元は、アマゾン、楽天－三省堂、ブックライブです。「ガンにならない歩き方」または「関口素男」で検索すると記事が表示されます。

【目次】

大宇宙のしくみが解かってきた！

第１章　宇宙の不思議

私たちが夜空を見上げるとき、肉眼で見える星々は、一つ一つの恒星が輝いているように見えます。しかし望遠鏡で見ると、星々のかなりの数が単独の恒星ではなく、恒星が沢山集まった星団であったり、更に無数の恒星や星団が集まった銀河であったりします。

私たちの太陽系は、天の川銀河に所属していますが、天の川銀河だけでも1000億個以上の恒星が集まっています。なお、天の川銀河の直径は10万光年と言われています。(光が１年かけて進む距離を１光年といい、約９兆4600億kmです。)
さらに高性能の望遠鏡で観測すると、１つに見えていた銀河が、実は銀河が沢山集まった銀河団である場合がとても多いのです。

すなわち宇宙は、恒星や惑星を基本的な構成要素として、それらが多数集まった星団や銀河、そして銀河が沢山集まった銀河団などから構成されていることになります。恒星の他にも、恒星の原材料となる星雲や星間物質（ガスやチリなど）が広く分布しており、また生涯を終えた星の残骸物質なども大量に存在します。なお、彗星やブラックホールなどの変わり種の天体も沢山あります。
第１章から第３章までは現代科学の俯瞰が主目的であり超要約のため個条書きを多用します。

[1－1] 太陽系の姿

つい数百年前までは、不動の地球の周りを太陽や星座（天）が回るという天動説が一般的でした。そして16世紀のコペルニクス、17世紀のガリレオやケプラーの業績により、次第に地動説が広まってきました。ちなみに日本に地動説が伝えられたのは18世紀末と言われています。わずか200年ちょっと前のことです。

<注目！>

最近の観測機器の高性能化にともない、太陽系に関する知見が大きく拡がってきています。
長い間、海王星、冥王星あたりが太陽系の外縁と考えられていましたが、その外側でも1000個以上の小天体がみつかっています。さらにその遥か外側にも彗星の故郷といわれる広大な領域があることも解かってきました。太陽系のサイズはここ数十年の間で距離にして25,000倍以上に拡がってきています。

1．太陽

太陽は言うまでもなく太陽系の中心となる恒星です。太陽の年齢は46億歳、直径は地球の109倍、質量は地球の33万倍です。この後50億年ほど輝き続けられるようです。太陽内部では、核融合反応によって水素が燃えてヘリウムに変化しており、その過程で膨大な熱エネルギーを放射しています。

<太陽風>

（1）太陽の表面には「コロナ」と呼ばれる超高温の大気が拡がっています。超高温のため原子でさえもバラバラに分れて電子とイオン（原子から電子が抜け出たもの）に分離された状態になっています。この電子とイオンが超高速で太陽を飛び出し太陽系に広く拡がっています。これを太陽風と呼んでいます。

（2）生命体が太陽風を直接浴びると、細胞や遺伝子が損傷を受けて生命体は危険に曝されます。幸いなことに地球上では、地磁気によって太陽風の影響が大幅に軽減されています。地磁気は地球を太陽風から守る防御バリアの役割を果たしています。

（3）しかし太陽風が大きく乱れることもあり、しばしば地球上で深刻な電波障害が引き起こされます。また太陽風が地球の磁場に沿って、北極や南極の上空から地表面に侵入する際、「オーロラ」として美しい神秘的な光を放つことがあります。太陽風が空気中の窒素原子や酸素原子と衝突して発光するのですが、その発光原理は蛍光灯やネオンサインと同様です。ただし、オーロラ出現の条件や発光変化のしくみなどは依然として謎のようです。

[補足]　望遠鏡の進歩

（1）ガリレオは、1609年オランダで望遠鏡が発明されたと聞いて、自分で望遠鏡を自作しました。そして月のクレーターを観測したり、土星の輪や、木星のまわりを周回する４つの衛星を発見したり、天の川が無数の星の集まりであることなどを発見しました。これらの発見が天動説から地動説へと大転換していく原動力となりました。

（2）望遠鏡はここ20数年の間にさらに著しく進歩しました。特に宇宙に浮かぶ「宇宙望遠鏡」の登場で観測範囲が大幅に拡大され、さらに遠くの天体の鮮明な画像を得られるようになりました。
地上では大気や気象の様々な影響を受けますが、宇宙空間ではそれらに悩まされることがなく、さらに赤外線や紫外線やＸ線など、可視光線以外の観測・撮影が可能になりました。地上ではこれらの電磁波の多くが大気に吸収されて観測できなかったのです。

（3）「ハッブル宇宙望遠鏡」（口径2.4m）は、1990年NASAによって打ち上げられ、様々な補修を加えながら現在も活躍中のようです。

（4）なお最近は「補償光学」が進歩して、地上の望遠鏡でも大気のゆらぎを打ち消すことができるようになりました。その結果、可視光に関しては、宇宙望遠鏡に匹敵する性能が得られるようになっています。

（5）ハワイ島マウナケア山に設置された日本の「すばる望遠鏡」は口径が8.2mもあり、一枚鏡の反射鏡としては世界最大クラスです。やはり「補償光学」を活用して大活躍しています。

2．惑星

（1）８個の惑星が太陽の周りを公転（太陽の周りを周回）しています。
太陽から近い順番に：
水星（0.39）、金星（0.72）、地球（１）、火星（1.52）
木星（5.2）、土星（9.6）、
天王星（19.2）、海王星（30.1）

（2）括弧内の数値は、太陽との間の距離を示しています。太陽と地球との距離を１としたときの相対値です。なお、太陽と地球の距離は約１億5000万ｋｍであり、光の速度でも８分20秒ほどかかります。

（3）太陽に近い惑星ほど速く公転し、遠い惑星ほどゆっくり公転しています。ケプラーの法則と呼んでいます。

（4）惑星は構造面から下記のように大別されます。
〇地球型惑星　：岩石や鉄などが主体――水星・金星・地球・火星
〇木星型惑星　：ガスが主体――木星・土星
〇天王星型惑星：氷が主体――天王星・海王星

3．小惑星

主として火星と木星の間に30万個以上浮遊している様々な岩塊を小惑星と呼びます。直径500m程度の小さなものまで含めると160万個になるとも推測されています。

<注目！>

（1）2005年９月、日本の探査船「はやぶさ」が降下、着陸して鮮明な画像を地球に送ってきたのは小惑星「いとかわ」からでした。「はやぶさ」は資料サンプルを採取し、その後数々のトラブルに遭遇して満身創痍になりながらも、2010年６月に地球へ帰還し資料サンプルを持ち帰りました。

（2）小惑星が地球に衝突する頻度と影響はおおよそ下記の通りです。

○直径１～10mの小惑星は10日に１度程度衝突しますが、ほとんど大気圏で燃え尽きます。

○直径50～100mは1000年に一度程度ですが、地上に直径数kmの大クレーターを作ります。

○直径１km以上の小惑星が衝突すると、巨大クレーターができるだけでなく、舞い上がった塵埃により気候大変動が発生します。

（3）およそ6550年前に直径10kmの小惑星がメキシコのユカタン半島近傍に落下した際は、気候の激変が発生し、恐竜をはじめ多くの生物が絶滅しました。

４．準惑星

冥王星、エリス、マケマケ、ハウメアなどを準惑星と呼び、惑星とは区別しています。

<注目！>　ＥＫ（エッジワース・カイパー）ベルト

（1）今まで冥王星は９番目の惑星として位置付けられていましたが、冥王星よりも大きなエリスが発見されたことを契機に、惑星の必要条件が議論されました。そして2006年に冥王星は惑星から準惑星に格下げになりました。
惑星の暗記略語「水金地火木土天海冥」から最後の「冥」を取りましょう！

（2）実は海王星の外側には、ＥＫ（エッジワース・カイパー）ベルトと呼ばれる領域があり、惑星になれなかった微惑星が多数存在していることが判りました。これらを「太陽系外縁天体」と呼ぶこともあります。冥王星はその中ではトップクラスなのですが、大きさは月の半分以下と小さく、また太陽の周囲を回る公転軌道面も他の惑星に比較して大きく傾いています。

5．彗星

（1）彗星も太陽系の一員であり、太陽の周囲を回っています。軌道が細長いものが多く、太陽に近づくにつれ太陽の熱で表面の氷が蒸発して明るく輝いて見えるようになります。しばしば長い尾をひきます。公転周期が短い（20年未満）彗星は、ＥＫ（エッジワース・カイパー）ベルトで生まれるものが多いようです。

（2）一方、ＥＫベルトの更に外側にも「彗星の故郷」と言われる領域が発見されました。
「オールトの雲」と呼ばれ太陽系全体を大きく包み込むように存在していることが知られています。
公転周期が長い（200年以上）彗星は、「オールトの雲」を起源とするものが多いようです。

＜トピックス！＞

（1）2013年11月末に太陽近傍で分解・消滅したアイソン彗星もオールトの雲からスタートしたと考えられています。久方ぶりに肉眼でハッキリした彗星の尾を見られる可能性があったため期待されていましたが消滅してしまい大変残念でした。

（2）彗星は、太陽系が誕生した当時の成分を閉じ込めたままの、言わば化石的な意味をもつ天体であると言われています。彗星を追尾して着陸を狙う人工衛星も打ち上げられています。彗星の成分を調査することができれば「生命起源の解明」に結びつく可能性があります。

6．衛星

月のように、自分より大きな惑星の周りを回る天体です。地球の衛星は月1個だけですが、火星は2個、木星は63個、土星も63個、天王星は27個、海王星は13個衛星を持っています。太陽に近い水星と金星には衛星はありません。

7．流星

（1）太陽系に漂う小さなチリや岩石が地球の引力によって引寄せられ、地球大気との摩擦でガスとなって光ったり燃えたりするのが流星（流れ星）です。燃え尽きずに地表に落下したものが「隕石」です。

（2）なお、彗星が通過した軌道跡には、彗星から放出されたチリが多数浮遊しています。地球がその軌道跡を通過する際、チリが次々と大気圏に突入して流星群になります。毎年11月中旬ころに見られる「しし座流星群」は、「テンペル・タットル彗星」の軌道跡を地球が通過する際に現われます。

以上のように、観測技術の進歩により太陽系全体の拡がりはとても大きくなってきており、その直径はオールトの雲を含めるとおよそ1光年以上（光の速度で1年かかる距離）と言われています。

図1 太陽系のひろがり

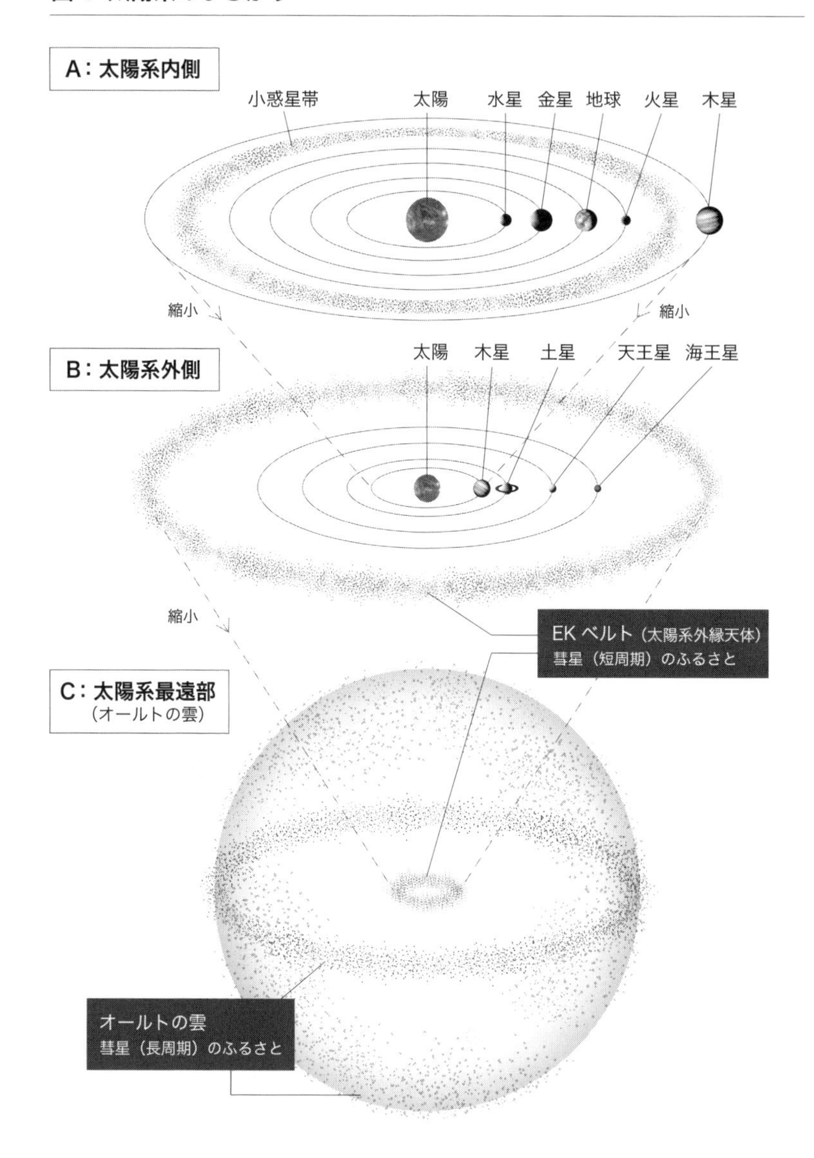
A：太陽系内側
小惑星帯
太陽
水星
金星
地球
火星
木星
縮小
縮小
B：太陽系外側
太陽
木星
土星
天王星
海王星
縮小
EK ベルト（太陽系外縁天体）
彗星（短周期）のふるさと
C：太陽系最遠部
（オールトの雲）
オールトの雲
彗星（長周期）のふるさと

[補足]　地球外生命体

（1）人間のような知的生命体が住める環境を、「ハビタブルゾーン」と呼んでいます。超簡単に言えば液体の水が存在する領域と言っても良いと思います。太陽から近すぎると、水は高温のため蒸発してしまい液体の水は存在できなくなります。逆に遠すぎると温度が低過ぎて氷になってしまい知的生命体の生存は無理です。

（2）太陽系の惑星の中では、地球と火星だけがハビタブルゾーンに入っていると言われています。ただし、火星にはかつて水が流れた痕跡はありますが、現在でも液体の水があるかどうか不明です。氷はあるようです。

（3）なお細菌類など原始的な生命体は、ハビタブルゾーン以外でも生息できると考えられており、小惑星や木星の衛星などで生命体探測が行われています。生命は何処から来たのか？　地球外生命体はいるのか？　に関しては、後の章で触れます。

[1－2]　銀河の姿

（1）太陽系は「天の川銀河」に属しています。
天の川銀河は、1000億個以上の恒星と星雲が集まった巨大な天体です。単に「銀河系」と呼ぶこともあります。

（2）外側から見ると、渦巻き模様をもつ美しい円盤状の天体です。太陽系は天の川銀河の中心ではなく、むしろ外縁寄りに位置しています。

（3）天の川銀河の直径は10万光年、厚さは周辺部で0.2万光年、中心部で1.5万光年と言われています。目玉焼きのように中央部が丸く盛り上がり星々が密集しています。

（4）渦巻き模様は、恒星や星雲の密度の濃淡で描き出されています。天の川銀河の中心部や渦巻きの腕の部分には、新しい星が今なお活発に生まれている場所があります。

（5）地上から肉眼で見える星の多くは天の川銀河に所属している星々です。太陽系自身が天の川銀河の一部であり地球からの距離が近いからです。

（6）地上から見ると天の川が星空を大きく横切って流れているように見えますが、最近になってようやくその全体像が分かりつつある段階です。そして細部については解らないことが沢山あるようです。なお、天の川銀河の中心には巨大なブラックホールが存在することが解ってきています。

（7）天の川銀河の外側に別の銀河があることが判ったのは1923年です。アンドロメダ銀河はそれまで天の川銀河の内部にあると思われていましたが、外側にあることが判りました。太陽からアンドロメダ銀河までの距離は、約230万光年です。

（8）それ以降、宇宙には銀河が数え切れないほど多数存在していることが判ってきました。そして天の川銀河はそれらの中でも典型的な（平均的な）銀河と考えて良いようです。もちろん銀河の大きさや形はさまざまです。
天の川銀河の100倍以上の大きな銀河もあるし、100分の1以下の銀河もあります。形も、渦巻き状や楕円体やレンズ状や不規則な形まで様々です。

（9）銀河が宇宙にどのくらい存在するのかはよく判っていません。しかし少なくとも1000億個以上の銀河が存在すると推測されているようです。

<注目！>

（1）太陽から天の川銀河の中心までの距離は約２万6000光年です。太陽から一番近い恒星は、ケンタウルス座のプロキシマ星でわずか4.2光年、また全天で最も明るく輝いて見えるシリウスは8.6光年です。太陽から100光年以内には約2500個の恒星があるようです。近いですからもちろん天の川銀河の恒星たちです。

（2）一方、太陽から見て遠い天体は、数億光年から数十億光年離れたものも多く、100億光年以上の遠い天体もあります。当然ですが、100億光年離れた天体の光は、100億年前の天体の状態を示しています。ちなみに、宇宙の年齢は138億歳です。

［１－３］ 銀河のなりたち

恒星の誕生、惑星の誕生、銀河の誕生、銀河同士の衝突・成長、これらは全て重力によって物質同士が引き合う「引力」の作用が原動力になっています。

１．恒星の誕生

（1）宇宙空間には、希薄ながらガスやチリなどの星間物質が漂っています。これらの拡がりは一様ではなくムラがあるため、濃い部分は重力作用で収縮し、周りから他のガスやチリを集めて次第に濃度、密度のムラが大きくなっていきます。

（2）数千万年という長い時間の経過とともに凝集が進み、密度が高くなり、内部温度が上昇してくると、高温のため光を発するようになって「原始星」が誕生します。そして更に大きく成長して、内部温度が超高温になると核融合反応が始まり「恒星」として明るく永く輝き始めます。

2．惑星の誕生

「原始星」ができるときは、同時にその周囲にガスとチリが円盤状に集まっていることが多いようです。この円盤状に拡がるガスとチリが次第に凝集して、衝突と合体を繰り返して大きくなっていきます。そして「微惑星」が生まれ、これらが衝突と合体を繰り返して「原始惑星」になり、さらに大きくなって「惑星」に成長していきます。これらも重力による引力の作用に基づいています。

3．銀河の誕生

ガスやチリなどの星間物質が大量にあり、かつ広範に拡がっている場合は次々と、あるいは同時並行的に複数の恒星が誕生し、それらがお互いに作用しあってバラバラでなく集団で行動する星団になります。そしてそれらが複数集まることで次第に「銀河」が形成されていきます。

4．銀河の成長

宇宙空間に多数の銀河が浮遊するようになると、銀河どうしが近い場合、お互いに重力を作用し合って次第に銀河が接近し衝突するようになります。銀河が衝突・合体を繰り返し、形や大きさも変えて成長・変化していきます。

<注目！>

（1）私たちの天の川銀河とアンドロメダ銀河の間はとても近く、その距離は230万光年です。お互いに重力を作用し合って今も接近を続けています。その接近速度は秒速275kmという猛速度ですから、いずれは衝突するようです。
ただし数十億年後のことです。ご安心を！

（2）宇宙では、銀河どうしの衝突が頻繁に起きているようです。ただし、銀河が衝突しても、個々の恒星や惑星が直接衝突する可能性は小さいようです。銀河の内側はほとんどが空間であり、スカスカ状態のためです。しかし全体としての銀河の形、姿は重力の相互作用によって大きく変化します。

［1－4］ 宇宙の姿

1．銀河団

（1）宇宙には多数の銀河が浮かんでいますが、単独で存在する銀河はむしろ少なく、多くは複数の銀河が集まって「銀河群」（数個～数十個の集まり）や、更に多数の銀河が集合して「銀河団」（50個～数千個の銀河の集まり）を構成します。

（2）「銀河群」や「銀河団」、そして所属する内部の各銀河はバラバラにならずに集団を維持しています。

＜注目！＞

「銀河」や「銀河群」や「銀河団」が、バラバラにならずに集団を維持できるのは、重力の作用と考えられてきました。しかし近年になって、それらに含まれる物質の質量だけでは大幅に重量が不足しているため、集団を維持できないことが解ってきました。
宇宙空間には私たちが知っている素粒子や原子や分子だけでなく、

未知の物質が拡がっており、その重力によって、銀河や銀河団が維持されているようです。
未知の物質なので、ダークマター（あるいは暗黒物質）と呼ばれています。その重量は、既知の物質の総重量の５倍程度と見積られています。
「ダークマター」については後述いたします。

２．宇宙の大規模構造

（１）宇宙を外側から巨視的に眺めると、星や銀河団の分布は一様ではなく、粗密のマダラ模様、あるいは立体的な編み目模様のようになっているようです。

（２）石鹸水を泡立てると、無数の泡ができます。泡の内部は空っぽであり、石鹸液は膜の表面や、膜と膜が合わさる接続部分に密に集中しています。星や銀河団の分布は、泡の石鹸液のある位置にほとんどが分布しており、泡の空気に相当する部分にはあまり存在していません。そんなことから、宇宙は「泡構造」になっていると言われることもあります。

（３）そしてこの構造は宇宙のどの方角を向いても同様で等質な構造になっています。これらを宇宙の「大規模構造」と呼んでいます。

３．宇宙の膨張

（１）1929年、エドウィン・ハッブル（1889～1953：米国）らによって、次の重要な事実が発見されました。

◎全ての銀河は互いに遠ざかっている。
◎遠くの銀河になればなるほど遠ざかる速度が大きくなっている。

（２）これは、宇宙全体が一様に膨張していることを示しています。宇宙すなわち空間そのものが膨張するため、個々の銀河は空間の拡張にしたがって結果的に遠ざかってしまうのです。

（3）「宇宙は膨張している！」世界に衝撃が走りました。宇宙は定常状態を維持するので、膨張したり縮小したりはしないと考えていたアルベルト・アインシュタイン（1879～1955：ドイツ）は、自ら作った相対性理論の方程式を一部修正しました。

4．宇宙の加速度的な膨張

（1）20世紀前半のハッブルらの発見以来、宇宙が膨張していることは知られていました。ところが近年になって驚くべき事実が判明しました。遠方の銀河を精密に観測することによって、宇宙の膨張は加速度的にますます膨張していることが判りました。そして異なる他の方法で調べても、やはり宇宙は加速度的に膨張していることが判りました。1998年、わずか十数年前のことです。

（2）それまでは、宇宙は膨張していても次第に膨張速度が弱まり、やがて平衡するか、あるいは緩やかな収縮に向かうのでは、と考えられていました。ところが宇宙が膨張する速度は、年月の経過とともに大きくなっているわけです。

（3）宇宙が加速度的に膨張している事実は、未知の巨大なエネルギーが宇宙に隠れて存在していることを示しています。未知のエネルギーのため「ダークエネルギー」（あるいは暗黒エネルギー）と呼ばれていますが、その正体は全く謎の状態です。「ダークエネルギー」については後述いたします。

5．宇宙のはじまり

宇宙が時間の経過とともに膨張しているということは、逆に時間を遡って巻き戻していくと、宇宙はどんどん小さくなっていき、最初の宇宙の始まりは小さな1点に戻ることになります。
宇宙の年齢は138億歳と発表されています。（2013年3月。それ以前は137億歳と言われていました。）
「宇宙のはじまり」については次のような仮説が支持されてきています。

（1）宇宙は極微の1点から始まった。始まると同時に、空間が瞬間的に急激に膨張した。この膨張は指数級数的に超高速で膨張した。この急激な宇宙空間の膨張を「インフレーション」と呼んでいます。（1980年、佐藤勝彦他による。）

（2）インフレーションが収まるにつれ、そのエネルギーが物質へ転化されて、物質の最小単位である「素粒子」が誕生しました。素粒子は超高速でバラバラに飛び回り、灼熱の超高温・超高密度状態になりました。そして膨張を続けました。1948年、ジョージ・ガモフ（1904～1968：米国）はこれを「ビッグバン」と呼び、以後この言葉が定着してきています。

（3）それ以降、宇宙の膨張速度は、少し緩やかな膨張に転じました。そして宇宙の膨張が進むのにつれて温度が少しずつ下がり、素粒子が合体して陽子や中性子が誕生しました。

（4）さらに核融合反応がはじまり、陽子（水素原子核）や中性子からヘリウム原子核やリチウム原子核が合成され始めました。ただしこの段階では、電子が取り込まれていないので単なる原子核であり、「原子」ではありません。

（5）宇宙膨張により温度が更に下がり、電子が原子核に補足されて「原子」が誕生しました。水素原子やヘリウム原子などです。宇宙の始まりから38万年後と推測されています。

（6）宇宙には水素ガスとヘリウムガスが漂よっていましたが、ガスの分布にはムラがあったと考えられ、重力作用によって、このムラが少しずつ大きくなり密度の濃淡が成長していきました。

（7）ガスの濃い部分がさらに凝縮して「星の卵」（原始星）が生まれました。星の卵が更に成長して「ファーストスター」（第1世代の恒星）が誕生しました。宇宙誕生後３億年頃のことです。

（8）「ファーストスター」は核融合反応によって明るく輝き、膨大なエネルギーを周囲に放出しました。しかし、核融合反応の原料である水素やヘリウムがなくなると、より重い元素が燃料として使われるようになりその結果、炭素、窒素、酸素、ケイ素や鉄など様々な元素が合成されて内部に溜まります。

（9）核融合反応が終わりに近づき「ファーストスター」が燃え尽きると、超新星爆発を起こして星の死を迎えます。その際、様々な元素を周囲の宇宙空間に散逸させます。

（１０）軽い水素ガスとヘリウムガスだけだった宇宙空間に様々な重い元素が浮遊するようになり、それらを原材料にした第２世代以降の恒星や惑星が次々と誕生していくことになります。そして延々と繰り返されて５億年ほど経過すると銀河が形成され、さらに銀河団が形成されていきます。
太陽系の誕生は比較的新しく、宇宙誕生後91億年頃と考えられているようです。

６．元素の誕生

（1）地球には様々な元素が存在します。
軽い元素である水素、ヘリウム、リチウムまでは宇宙誕生時のビッグバンのときに生成されました。

（2）それより重い炭素、窒素、酸素、ケイ素や鉄などは、恒星内部の核融合反応によって生成されました。それらが宇宙空間に拡がることで、生命誕生の下地ができました。

（3）そして恒星の寿命が尽きて超新星爆発を起こす際に、爆発のエネルギーによって更に鉄、ニッケル、クロム、コバルトなどが生成されて宇宙空間に撒き散らされます。

（4）ただし、それらより重い金、銀、プラチナ、ウランなどの生成状況についてはまだ良く解かっていません。今のところ、超新星爆発の中心付近や、中性子星同士の衝突の際に生成されるのではないかと推測されているようです。

7．恒星の終焉

（1）恒星は、生まれるときの重さで一生が大きく変わります。すなわち、恒星の寿命や、最後の成り行きや形状は、生まれた時の重量で決まってしまうと考えられています。

（2）恒星の末期に核融合反応の材料（水素やヘリウムなど）が尽きると、圧力バランスが崩れてしまい、恒星は膨張して巨大化していきます。半径が元の数百倍以上に膨らむようです。そのため表面温度が低下して、外から見ると赤く見えるため「赤色巨星」と呼ばれます。

（3）太陽の８倍よりも軽い恒星の場合、比較的穏やかな死を迎えます。ガスを徐々に放出して最終的には中心部分だけが残り「白色矮星」と呼ばれる小さな星になります。そしてその周辺には、放出したガスが取り囲むように集まって、惑星状星雲と呼ばれる淡い星雲ができます。

（4）太陽の８倍よりも重い恒星の場合、超新星爆発を起こして壮絶な死を迎えます。この際、外層は吹き飛びますが、恒星の中心部分は重力崩壊を起こして超高密度な「中性子星」が残ります。

（5）太陽の25～30倍以上重い星の場合、中性子星ではなく、ブラックホールが形成されるようです。ブラックホールについては後述いたします。

［1－5］ 相対性理論

宇宙を語るときに避けて通れないのがアインシュタインの相対性理論です。宇宙における様々な現象を解析し推論する際の強力なツールになっているからです。

1．相対性理論とは？

（1）相対性理論は、1905年に発表された特殊相対性理論と1916年に発表された一般相対性理論の総称です。両者はいずれもアインシュタインが提唱した従来の常識を覆す画期的な物理学の理論です。

（2）光速度不変の原理と相対性原理を前提にして、空間、時間、物質、エネルギーの関連を規定しています。

（3）特殊相対性理論は、力が働いていない系（等速運動している慣性系）を扱い、一般相対性理論は、力や重力が加わっている系（加速度運動系）まで扱う理論です。

2．相対性理論のポイント

相対性理論の中の重要なポイントのみ超要約してご紹介します。

（1）光速度不変の法則

「光の速度は光源の運動状態に係わらず常に一定である。」(光速＝c＝約30万km／秒)
これを宇宙における基本的な法則であると捉え、これを大前提として相対性理論を構築しています。

例えば、光速cで飛行するロケットに乗った人が、進行方向に向けてランプを点灯します。このときロケットに乗った人から見ても、地上で見ている人から見ても光速は同じc（光速）として見えます。今までの常識では、ロケットの速度cと、光の速度cが加算されて、地上から見る光はcの２倍の速度に見えそうですが、光の場合そうならないのです。(そのからくりは、次項の「空間の縮みと時間の遅れ」にあります。)

（2）高速で動くと空間が縮み時間が遅れる。

２つの系、例えば動いている人と、静止している人の座標系を考えます。静止している人から見ると、高速で動いている系の空間は縮小して見え、時間もゆっくり進むように見えます。
したがって光速に近い超高速ロケットで宇宙旅行して地球に戻った人は、地上で生活していた人よりも時間の経過が少ない分だけ若くなります。浦島太郎の逆バージョンです。
光の速度は光源の運動状態に係わらず常に一定であるとすると、高速で移動する系は必然的に、空間が縮み時間が遅れざるを得ないのです。

（3）物質の速度が増すと質量が増す。

アイザック・ニュートン（1643～1727：英国）によるニュートン力学では、物質の質量は速度に無関係に常に一定だったのですが、相対性理論では、速度が増せば増すほど質量が増します。速度が光速度に近づくにつれて質量は限りなく大きくなっていきます。したがって物質を加速する場合、光速度に近づけば近づくほど加速するのに膨大なエネルギーが必要になり、そのエネルギーの大半は加速でなく質量増加に使われてしまいます。質量を持ついかなる物質も光速度まで加速することは不可能になります。

（4）物質とエネルギーは等価である。

物質mとエネルギーＥは等価でありその関係式は下記です。

$$E = mc^2$$

ｃは光速です。
係数が光速の２乗でとても大きな係数のため、わずかな物質mが巨大なエネルギーＥに変換されます。１グラムの物質（１円玉１個）が石油20万リットルのエネルギーに相当します。
このことが原子力発電や、原爆、水爆などに応用されています。また太陽の中で起っている核融合反応も、この式に従った膨大なエネルギーによって数十億年も輝き続けることができます。

（5）重力によって時空間が歪む。

発想の大転換をしています。物質の周囲の空間は、物質の質量に応じて曲がり、歪みます。重力は時空間の歪みの結果であると考えます。質量が大きければ大きいほど歪みが大きくなり、光さえ空間の歪みに応じて曲がって進みます。
そして重力が強くなるほど時間が遅れます。例えば、極度に大きな質量が集中するブラックホール近傍では重力が極めて強いので、時間がゆっくり流れ時計が遅れます。

３．相対性理論の身近な応用

自動車に搭載されている「カーナビ」にとって相対性理論は不可欠です。カーナビは「ＧＰＳ」（全地球測位システム）を利用しています。ＧＰＳは地上２万kmを周回する27個の人工衛星群から構成されています。カーナビはこの衛星からの電波を受信して現在位置を割出します。ところが衛星は超高速で移動するため、相対性理論の示す通り時計が遅れてしまい、そのままでは誤差が大きく使い物になりません。他にも誤差の要因があり、それらを相対性理論に基づいて補正することで正確な位置情報を計算しています。

4．ニュートン力学との関連

（1）相対性理論は、私たちの直感と異なる部分が多いので理解し難い面が少なくありません。しかし､実際に宇宙の様々な現象を観測すると、多くの観測結果が相対性理論の計算結果とピタリと一致します。そして多くの科学者が相対性理論を認め、かつ積極的に応用しています。

（2）その結果、ニュートン力学の前提条件であった「絶対空間」（無限の過去から未来まで変わらずに存在し続ける静止空間）と「絶対時間」（無限の過去から未来まで何処においても一様に流れる時間）の概念は否定されることになりました。

（3）しかし、超高速や宇宙と関係のない地上の普通の機械や装置類は、現在でもほとんどニュートン力学で設計され製造されています。速度が光速に比べて十分小さく、また質量も巨大でなければ、実用上誤差が無視できるため、遥かに簡単で解かり易く便利であるからです。

5．相対性理論の問題点

（1）相対性理論は万能ではありません。素粒子などのミクロの世界では適用できません。

（2）またビッグバン理論によると、宇宙のはじまりは極微の1点から始まったことになっていますが、宇宙の大きさがゼロに近づくと計算結果が無限大になって発散してしまいます。
ブラックホールの中心でも、その大きさがゼロに近づくと計算結果が無限大になって発散してしまうため、中心部がどのようになっているのか解析することができません。

（3）なお、相対性理論は量子論と並び今日の物理学における最重要理論ですが、観測の影響を考慮していない理論であるため、古典物理学として分類されるようです。

[補足]

（1）アインシュタインは1916年に一般相対性理論を発表しました。その後、物質の重力（引力）と対抗する斥力（反発力）が必要と考えて、「アインシュタイン方程式」の中に、宇宙項（斥力の項）を付加しました。宇宙は一定の大きさに保たれていると考えていたからです。

（2）しかし、ハッブルらによる宇宙膨張の観測結果を見て1931年、自ら宇宙項を削除しました。ところがアインシュタインの死後、20世紀末になって、宇宙の「加速度的な膨張」が発見されたため、後世の物理学者によって宇宙項がまた復活されています。

（3）アインシュタイン方程式は、相対性理論から導かれ、空間－時間－質量－エネルギーの関係を表します。超々簡略化すると下記の形式になります。

A項＋B項＋C項＝D項

A項は空間の曲がり具合を表し、B項は時間の遅れ具合を表します。C項が宇宙項です。重力（引力）に対抗する斥力（反発力）を表しています。
D項は、物質の質量、エネルギーを示しています。

[私見]

理由は後に述べますが、私はアインシュタイン方程式にもう１項目、Ｅ項を付加する必要があるのではないかと考えています。Ｅ項は意識項です。強い「意識」が物質やエネルギーに作用を及ぼすと考えられるからです。

[トピックス！]

前出の ［１－４］５．宇宙のはじまり（１）項で、「ビッグバン」に先立って先ず「インフレーション」と呼ばれる急激な宇宙空間の膨張が起こったと述べました。
この説は、1980年に佐藤勝彦氏（自然科学研究機構長）や、米国のアラン・グース氏によって別個に提唱された仮説です。
その後、2014年３月に、ハーバード・スミソニアン天体物理学センターが、「インフレーション」の決定的な証拠を発見したと発表しました。南極における「宇宙マイクロ波背景放射」の観測と分析から、宇宙空間の急激な膨張時に発生した「重力波」を検出したというものです。今回の観測結果は十分な検証を重ねており、絶対の自信を持っていると言っており、確認されれば予言者や発見者にノーベル賞の可能性もありそうです。
なお、重力波は相対性理論によってその存在が予言されています。巨大な質量が動くと、空間の歪みが波となって周囲に拡がり「重力波」が生じます。

［１－６］ブラックホールの不思議

１．ブラックホールとは？

（１）実はブラックホールは、アインシュタインの一般相対性理論から理論的に導かれます。ドイツのカール・シュバルツシルト（1873～1916）という天文学者が、1916年、一般相対性理論の方程式を初めて解きました。彼は、その解を基にしてブラックホールの存在を予言しました。

（2）簡単に言えばブラックホールも星の一種です。普通の星は重力と膨張力が釣り合っているので球体を維持しています。ところが強過ぎる重力を持つと星自体が自らの重力に耐え切れず、崩壊を起こしてどんどん小さくなり収縮してしまうのです。最終的に極めて小さな体積に収縮し、かつ莫大な重力を持つ星、すなわちブラックホールになってしまいます。

（3）ブラックホールの恐ろしい重力は、周囲の全ての物質、そして光すら飲み込んでしまいます。したがって外からは全く見ることができません。近づくと誰もその重力から逃れられません。宇宙空間の落し穴です。おまけに飲み込まれた後どうなるのか、中の様子がどのように変化するのか良く解かりません。

（4）ブラックホールは周囲の全てを吸い込んで、どんどん重くなって成長していきます。ブラックホール自身の最後はどうなるのか、良く解かっていません。この宇宙の最後は、ブラックホールだらけになってしまうのではと心配する人もいます。一方、ブラックホールは、時間の経過とともにいずれは蒸発してしまうという科学者もいます。ブラックホールは未知の天体なのです。

2．ブラックホールの中心は？

（1）理論上、ブラックホールの中心点は無限に小さく収縮するため、密度は逆に無限大になり、相対性理論のアインシュタイン方程式が破綻してしまいます。「特異点」と呼ばれています。

（2）その密度は1 cm^3あたり200億トンとも言われる超高密度状態になります。ちなみに太陽の密度は1 cm^3あたり1グラム程度です。

（3）実際には、普通サイズのブラックホールの場合、質量は太陽の5～15倍、半径は15～45km程度と予想されています。

（4）中心の手前には「事象の地平面」と呼ばれる境界面があり、ここを越えてしまうとすべてのものは中心部へ引きずり込まれてしまい、二度と外へ脱出できなくなります。

将来、宇宙旅行に出掛ける時は、ブラックホールの落し穴に落ちないように注意しましょう。
「危険！」の標識はありません！

3．ブラックホールはいくつあるの？

（1）実際にはブラックホールを直接見ることは出来ません。しかしその強力な重力で周囲の空間を大きく歪めるため、背後にある銀河や星雲なども歪んで見えることがあり、間接的にブラックホールの存在を予想できます。

（2）ブラックホールの近傍に天体がある場合は、そのガスを吸い込んでガス状の円盤を形成したり、強いX線などを放つため、間接的に存在を知ることができます。

（3）天の川銀河の中心部には、太陽の400万倍ほどの超大質量のブラックホールが存在すると考えられています。一説によると、天の川銀河には、普通サイズのブラックホールが4億個程度存在するとも言われています。

（4）同様に他の数多くの銀河でも、多数のブラックホールを内部に含んでいると考えられています。そしてその中心部には超大質量のブラックホールが存在する場合が多いようです。

4．ブラックホールの生成

（1）恒星は、生まれるときの重さでその一生が大きく変わります。ブラックホールは、非常に重い恒星が一生を終える時に出来ると言われています。

（2）太陽のおよそ30倍以上重い星の場合、核融合反応の燃料が尽きた時に超新星爆発を起こして、最後にブラックホールが形成されるようです。

（3）そしてブラックホール同士が衝突合体して、大きく成長すると考えられています。ただし、その詳細はまだ解かっていません。

<私見>　ブラックホール活用法！？

（1）日本では、原子力発電所の継続／廃棄が国論を２分していますね。その論点のひとつに、核廃棄物の処理方法が確立されていない点が挙げられています。

（2）私は、世界中の叡智を結集して核廃棄物の画期的な処理方法を開発すべきと思っています。必ずやらなければならないし、出来る筈と思っています。いま原子力発電所は、新興国を中心にして世界中で急速に増えつつあります。日本だけの問題ではないのです。

（3）しかし、たとえ画期的な核廃棄物の処理方法が開発できたとしても、100%完全に無害化処理するのは現実的には難しいでしょう。恐らく100万分の１程度は処理できずに、最終廃棄物として残ってしまい処分方法に悩むことでしょう。

（4）そこで、神を恐れぬ私の珍説です！！
ブラックホールを天然の「超強力ゴミ処理装置」と考えます。最後に残る100万分の１以下に凝縮した最終廃棄物を、宇宙船に乗せて近傍のブラックホールに誘導します。
技術的には難しくない筈です。天の川銀河にブラックホールが４億個も存在するのであれば、近傍のブラックホールをいくつか探して、最適なものを選択するだけです。

（5）宇宙船がブラックホールに近づくと、強力な重力に引寄せられて自動的に吸い込まれていきます。そしてブラックホールの境界面（事象の地平面）に近づくにつれて、重力によって時間の進み方が遅くなり外から見ると殆ど止まっているように見え、超低速でしか進まなくなります。

（6）そして、ついに境界面（事象の地平面）を超えると、もはや光さえ外に脱出できなくなって、宇宙船は外からは見えなくなります。そして宇宙船や格納容器は強力な重力によって粉々に分解されてしまい、最終的には放射性物質も素粒子レベルまで還元されていくのではと想像しています。

（7）ただし運搬対象は、最小限度に低減した最終廃棄物だけです。今刻々と発生している膨大な核廃棄物を全部ブラックホールに吸い込ませたら、多分神様からキツイお叱りを受けると思いますから！

<蛇足>

読者の方々から「科学の話は難しくて良く解からない」という反応を頂いています。ごもっともです！　冒頭にも記載しましたが、本書は「解説」を目的にしていません。最終目的は、私の「仮説」のご説明です。科学が苦手な方は、斜め読み、拾い読みで結構です。そんな言葉があったのかと言葉を知って頂くだけでも結構です。何となくイメージをつかんで頂ければ十分です。
例えば、相対性理論に関する解説本は、直ぐに入手できるものだけでも数十冊以上の本が出回っています。その中の２～３冊を読んで良く解かったと言える人は多くないと思います。数百ページ程度の解説を読んでもなかなか理解できないものです。ましてや、数ページのメールマガジンで理解できなくて当然と思います。

現代の科学は、専門化、細分化の傾向があり、視野が狭くなってきているように感じています。本書は、視野を出来るだけ大きく拡げようとしています。深く細かくではなく、広く浅くを志向しています。したがって細部にはあまりこだわりません。

第１章から第３章までは、最近の現代科学でどこまで解かってきたのか、何が解からないのか、何が不思議なのかを俯瞰して、不思議を少しでも減らしていく材料にしようと思っています。そして今は水と油のように分離している物質と非物質（心・気・いのち）、科学と非科学を、できるだけ広い視野から関連づけることにより、大宇宙のしくみを読み解いていこうと考えています。

［１－７］次元の不思議

何故「次元」の話が唐突にでてくるのかと不思議に思われるかも知れません。実は「次元」の概念は、宇宙のしくみを読み解く上で極めて重要です。

１．空間

（1）昔々学校で、直線は１次元、平面は２次元、立体は３次元と習いましたね。そして私たちが住む空間は３次元の空間と言われています。３次元では、縦、横、高さ方向へそれぞれ直角に交わる物差しを立てて座標軸と呼びました。

（2）アインシュタインは、３次元の空間に時間軸を加えて、「４次元時空」という表現を使っています。すなわち、時間と空間をセットにして考えています。相対性理論は「４次元時空」を前提として構築され、宇宙空間の様々な現象に対して威力を発揮してきました。

2．４次元以上の空間は？

（1）空間は３次元に留まり、４次元以上の空間はないのでしょうか？純粋な数学上では、100次元でも１万次元でも自由に想定できます。しかし実空間で、４次元以上を探すのは確かに難しいですね。４本目の物差しを直角に立てる方向が見つかりませんから。

（2）アインシュタインも「具体的に何処を探したら４次元以上の空間が見つかるのか？」と否定的でした。そのためか「４次元時空」に捉われている科学者がとても多いようです。

（3）1970年、南部陽一郎博士（1921～2015）らによって「ひも理論」と呼ばれる素粒子に関する重要な理論が提唱されました。この理論は、３次元空間でなく高次元空間を前提にしているため、当時の科学者には全く理解されず、時期早尚で受け入れられませんでした。
ほとんどの科学者はアインシュタインの「４次元時空」から一歩も踏み出せなかったのです。わずか40年前のことです。なお、南部博士は他にも数々の重要な業績を上げられて2008年ノーベル物理学賞を受賞しています。

（4）近年、南部博士らの「ひも理論」を基にして、さらに発展させた「超ひも理論」が脚光を浴びるようになってきました。まだ完成していませんが究極の素粒子論として期待されています。
「超ひも理論」も高次元空間を前提にしており、最近になって漸く少しずつ高次元空間の理解者が増えてきた段階です。「超ひも理論」については、第２章で解かりやすくご説明します。

（５）現代物理学では、４次元以上の次元を「余剰次元」と呼んで研究が続けられています。そしていくつかの試案が出されています。そのひとつは、３次元空間のいたるところに余剰次元が小さくコンパクトに丸め込まれているというものです。この場合、６次元が追加されて、空間は９次元ということになります。もちろん仮説のひとつに過ぎませんが。

３．次元で大事なこと

（１）一般に低次元空間に住む生命体は、高次元の現象を認識することができません。例えば、解かりやすくするために、仮に私たちが３次元ではなく１次元低い、２次元の世界に住んでいると仮定しましょう。２次元に生きる生命体は、同じ平面上の物質や現象は認識できます。しかし、物質や現象がたとえ１cm でも平面から離れてしまうと、そこはもはや２次元の面上ではありませんから、それらを認識することはできません。

（２）３次元空間に生きている人間は、原理的に４次元以上の空間の現象を認識することができません。そして、４次元か、５次元か、もっと高次元なのかの区別さえできないのです。

（３）しかし、高次元の現象を全く認識できないかというと、必ずしもそうではありません。条件によっては、その一部またはその影を感じることが出来る場合があります。

（４）再び、判り易くするために、仮に私たちが３次元ではなく２次元の世界に住んでいると仮定しましょう。もし、高次元に浮かぶ物質の影が２次元の面の上に投影されれば、その影を認識することはできます。でも、あくまで影に過ぎないので、情報（形や色など）は大幅に減少します。また、高次元の存在が２次元面に接触、または交差している場合は、その接触部分または交差部分だけは認識することができます。

<私見>

（1）私は、「高次元」の認識は宇宙のしくみを考える際に極めて重要と考えています。そして空間を３次元に限定して考える必要は全くないと思っています。ただし、物質は３次元空間の土俵でのみ存在できるので、３次元空間の制約を受けると考えています。

（2）人間の脳は物質でできていますから３次元空間の制約を受けます。脳は３次元空間しか認識できないのですから、４次元以上の現象を認識できなくても当然なのです。認識できないから、実感できないから無いと考える必要はありません。

（3）私たち人間は肉体だけで構成されているわけではありません。「心」や「気」（根源のエネルギー）や「いのち」と密接に関係があります。しかし「心」や「気」や「いのち」は物質ではありませんから、３次元の制約を受けません。したがって高次元空間に拡がり得ると私は考えています。そう考えないと説明できないことがあまりにも多いのです。

（4）「気」は見えませんが、ちょっとした訓練で誰でも「気」を感じることはできます。見えない「気」を「感じる」ことができるのは、３次元空間に投影された高次元の影や交差部分を感じていると考えると解かりやすいと思います。

図 2 高次元空間に対する認識

私たちは3次元空間に住んでいるので高次元空間は認識できない。仮に一次元下げて2次元の X-Y 面に住んでいると仮定すると、立体の全部は認識できず、立体の影や交叉面しか認識できない。下図の薄塗部分のみ認識できる。

A.
立体が X-Y 面の上に浮いている場合、上から光を当てると X-Y 面に影ができる。

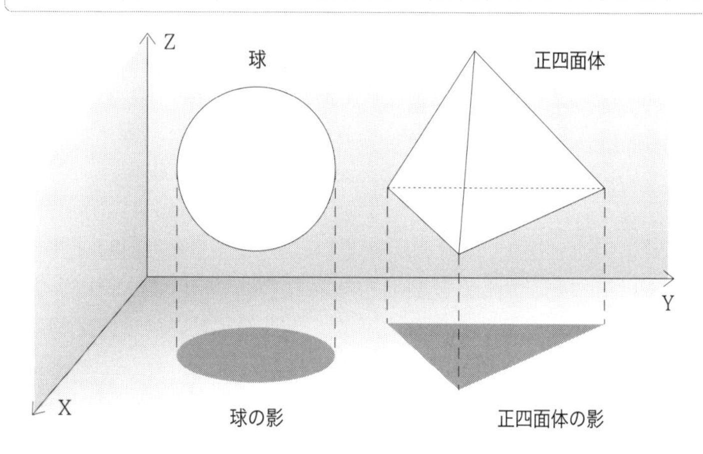

B.
立体が X-Y 面と交叉する場合、立体と X-Y 面との交叉面（切り口）ができる。

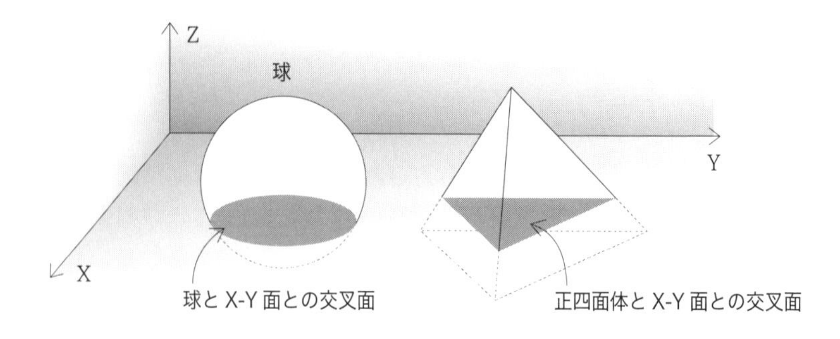

<補足>

（1）むかし中学か高校で「虚数」を習いました。２乗すると［－１］になる仮想の数字です。そのような数字は実感できませんが、もし虚数を認めないとすると大変不便なことになります。様々な数式、方程式、物理式などが大混乱してしまいます。

（2）人間には実感できなくても、大自然にとってはその方が自然であることは多いのです。人間は全てを理解し実感できる立場にはないのです。

（3）４次元以上の空間も同様と考えられます。３次元空間の制約を受けている人間は、４次元以上の高次元の現象を実感できなくて当然なのです。そしてこのことは宇宙のしくみを読み解く上で極めて重要です。

（4）高次元空間では、私たちの「空間と時間」の概念を超越します。少々解かりにくいと思いますが、高次元空間での現象は、私たちが認識できるような、３次元空間のどの位置でとか、過去－現在－未来という時間の流れのどの時点でとかを認識することができなくなります。

（5）例えば、「心」は脳にあるのか、心臓にあるのかと意見がいろいろあります。私は、「心」は高次元空間に拡がっているので、位置や時間は特定できないと考えています。むしろ宇宙空間のどこにでも拡がっていると考えるべきと思います。ただし、解かり易くするために便宜上、脳にある、心臓にある、身体の周囲の空間にある、と言っても「当たらずといえども遠からず」と思っています。

（6）第２章で簡単に述べますが、原子や素粒子などのミクロな世界では不思議が満ち満ちています。アインシュタインはミクロ世界で起る現象の解釈で生涯悩み続けたようです。それは「４次元時空」を大前提にしていたことも要因のひとつと私は思っています。物質だけにこだわらず高次元空間にまで意識を拡げられていれば、彼はさらに人類に貢献できたかも知れないと思っています。

[1－8] ダークマターの不思議

1．ダークマターの存在理由

宇宙には、未知の物質が大量に存在していると考えられています。未知の物質なので「ダークマター」（暗黒物質）と呼ばれています。銀河や銀河団の動きを詳細に観測すると、ダークマターを想定しないと説明できない現象が複数あるからです。

（1）太陽系の惑星の公転速度は、太陽に近い惑星（水星、金星など）は速く、遠い惑星（天王星、海王星）ほど遅くゆっくり動いています。ケプラーの法則として知られています。簡単に言えば、太陽系の質量の大半は太陽に集中しているからです。太陽に近い惑星には巨大な太陽の重力が作用するので、速く動いて遠心力を大きくしないと引力とのバランスが取れないからです。

（2）ところが、銀河を構成する星の動きは、銀河の中心に近い星も、遠く離れた星もほとんど変わらない速度で動いていることが発見されました。それを説明するためには、銀河全体を取り囲むように大きな質量が分布している必要があります。しかし見える銀河の星々の総重量では全く不足しています。すなわち、見えない未知の物質が銀河周辺に大量に存在すると考えられます。

（3）一方、銀河が多数集まって銀河団が構成されていますが、銀河団としてまとまるためには強力な重力が必要です。重力が足りないと、個々の銀河はそれぞれの運動によってバラバラに離散してしまいます。
しかし実際に銀河団に含まれる全ての銀河の総重量を計算しても、各銀河を留めるのに必要な量よりも遥かに質量が不足していることが判っています。すなわち、見えない未知の物質が銀河団周辺に大量に存在すると考えられます。

（4）以上のように、銀河自体の回転運動や、銀河団としてのまとまりの維持を説明するためには、銀河や銀河団それぞれを取り囲むように、未知の質量、すなわちダークマターが大量に存在していると考えざるを得ません。

2．ダークマターの量

（1）ダークマターの質量を推定計算すると、宇宙に存在する既知の物質総重量のなんと５倍ほどの質量になります。重量を生み出すので、物質の仲間であるのは間違いないのですが、分子や原子ではなく、その実態は不明です。

（2）私たちの宇宙には、未知のものが５倍もあり、その実態が解かっていないということになります。次節で述べますが、実はダークマター以外にも未知のものが更に多く存在しており、既知の物質は、宇宙全体の僅か4.9%に過ぎないことが判っています。宇宙の95.1%は未知なのです。

（3）なお、最近になって実際の銀河団内のダークマターの分布状況が判ってきています。見えないため直接ダークマターを観測することはできないのですが、大きな質量を持つため「重力レンズ効果」を引き起こします。その影響を丹念に調べることによって、間接的に質量の拡がりや分布状況や密度が判ってきました。
そしてダークマターの粗密と、銀河の分布の粗密が対応していることが判ってきました。すなわち、ダークマターが密な領域には、銀河が密に存在しているのです。

（4）もし、ダークマターが存在しなかったら、今のような宇宙は形成されなかったと考えられます。大量に存在したダークマターの分布のムラによって重力の粗密ができ、それによって物質の集散が進み、次第に星が形成されていったと考えられます。ダークマターの大きな質量とそのムラがあったからこそ、現在の星や銀河や銀河団が成立できたと考えられています。

3．ダークマターの正体は何か？

（1）ダークマターとは未知の物質という意味合いです。何故未知なのか？　見えないからです。直接観測できないからです。宇宙に浮かぶ普通の天体は、光や赤外線や電波や紫外線やＸ線などのいずれかを出しています。しかしダークマターはこれらを出さないため直接観測できないのです。

（2）では、ダークマターの正体は何でしょうか？
ダークマターの候補として下記が挙げられてきました。

- 原子
- ブラックホール
- 暗い天体（宇宙空間を漂うガス、チリ、岩石など）
- 恒星の残骸（褐色矮星、中性子星など）
- ニュートリノ

（3）しかし上記はいずれもダークマターの候補から外されました。様々な状況証拠から「ダークマターとしての必要条件」を満足できなかったからです。

4．ダークマターの必要条件

（1）今までの観測結果から得られたダークマターとしての必要条件は下記の通りです。

○どんな種類の電磁波（光）も出さない。
○どんな物質ともぶつからない。
○宇宙における総重量が、見える全物質の約５倍存在する。
○宇宙初期に速度ゼロの冷たい物質であった。

（２）現在のところダークマターの正体は不明です。
ただし可能性のある候補として下記の２つが上がっています。
◎ニュートラリーノ：光子などの超対称性粒子（未発見）
◎アクシオン（未発見）

（３）両方とも素粒子ですが、理論的に存在が予想されているだけで実際に発見されているわけではありません。ダークマターの正体は謎に包まれているのです。なお、超対称性粒子については、第２章で簡単にご説明します。

＜私見＞

ダークマターに関しては、いずれ遠からずその正体が判明すると私は思っています。物質であることは間違いありませんし、その候補も絞られていますから、発見し易いと考えられます。
もう１つ、世界中の研究者がしのぎを屑って発見競争を繰り広げているからです。2013年までは　多くの科学者がヒッグス粒子（物質に質量を生じさせる原因粒子）の発見に注力してきました。しかし2012年～2013年秋にヒッグス粒子が発見されて以降、研究者の眼がダークマター発見に向けられています。具体的に発見できればノーベル賞の可能性が極めて高いと思われます。

[1−9] ダークエネルギーの不思議

1. ダークエネルギーとは?

(1)20世紀前半のハッブルらの発見以来、宇宙が膨張していることは知られていました。ところが近年になって驚くべき事実が判明しました。遠方の銀河を精密に観測することによって、宇宙の膨張は加速度的にますます膨張していることが判りました。そして異なる他の方法で調べても、やはり宇宙は加速度的に膨張していることが確認されました。1998年、わずか10数年前のことです。

(2)それまでは、宇宙は膨張していても次第に膨張速度が弱まり、やがて平衡するか、あるいは緩やかな収縮に向かうのでは、と考えられていました。ところが宇宙が膨張する速度は、年月の経過とともに大きくなっているわけです。

(3)それを説明するためには、星や銀河や銀河団が相互におよぼす引力(重力)に対抗して、宇宙を加速度的に膨張させ得る巨大なエネルギーが必要になります。しかしその実態は全く不明であるため「ダークエネルギー」(暗黒エネルギー)と呼ばれています。

(4)私たちの宇宙では、星や銀河や銀河団などを構成する全ての物質を集めても、物質合計は宇宙全体の4.9%しかないことが判っています。残りはダークマターとダークエネルギーで95.1%を占めており、未知の物質と未知のエネルギーがほとんどを占めていることになります。宇宙は未知だらけ、謎だらけなのです。

[宇宙の構成比率]

○物質合計	4.9%
○ダークマター(未知)	26.8%
○ダークエネルギー(未知)	68.3%

（5）ダークマターとダークエネルギーは何が違うのでしょうか？
ダークマターは重力作用を及ぼすので「物質」です。ただしどのような物質なのかが不明です。物質を細かく分解していくと、これ以上分解できない素粒子に行きつきます。素粒子にも沢山の種類があります。また、理論的に存在が予言されているだけで実際に発見されていない素粒子もあります。恐らくそれらのどれかではないかと考えられています。
一方、ダークエネルギーは物質ではなく「エネルギー」です。形がありませんから観測が格段と難しいのです。
また、ダークマターは質量に応じた「引力」を作用させますが、ダークエネルギーは反対に「斥力」（反発力、反重力）を及ぼすと考えられます。

2．ダークエネルギーの正体は何か？

ダークマターの場合は、未知ながらも一応２～３の候補があります。
しかしダークエネルギーの場合は、全く正体不明な状態です。ダークエネルギーは恐らく宇宙空間に均一に拡がっていると考えられていますが、その正体は何も解かっていません。現代科学における最大の不思議といっても良いと思います。

＜私見＞

（1）宇宙に関して、アインシュタインをはじめ、ほとんどの科学者の関心は、物質やエネルギーと、それらに関する様々な現象に向けられています。惑星や恒星、銀河や銀河団などの物質、そしてそれらの入れ物である宇宙の拡がりや成り立ちなどに関心が集中しています。

（2）しかし、大変大事なことが忘れ去られています。宇宙は物質やエネルギーだけで構成されているわけではありません。私は、人間をはじめとする生命体が宇宙の重要な構成要素であり、人間にとっては、それらによる様々な現象、そしてそれらと物質との関わりが、より重要であると考えています。

（３）劇場に例えると、物質だけの宇宙は劇場のハードウェア、すなわち建物と舞台装置に過ぎず、本当の主役は生命体すなわち人間（役者、スタッフ、観客、そして制作者）であると考えることができます。主役を無視して舞台装置だけに意を注いでも「お芝居」になりません。

（４）宇宙空間からガスやチリや全ての物質を取除いた空間を「真空」といっています。
私は、真空は実は空っぽではなく、「根源のエネルギー」で満たされていると考えています。すなわち宇宙空間は「根源のエネルギー」の働く場であると考えています。そして、ダークエネルギーも、ダークマターも根源のエネルギーと密接に関係していると考えています。

（５）人間には「心や気やいのち」が深く関わっています。多くの科学者は、それらに目を向けません。我関せずと放置しています。全く無関心の科学者も多くいます。見えなく、観測が難しく、歯が立たないのです。

（６）私は、根源のエネルギーは３次元空間に留まらず、高次元空間に拡がっていると考えます。そして「心や気やいのち」と密接に関わっていると考えています。なお、根源のエネルギーは、日本ではしばしば「気」という言葉で表現されます。後の章で触れますが、「心や気やいのち」は物質に作用を及ぼすことがあると私は考えています。

（７）残念ながら現在の宇宙論のほとんどは物質レベルに留まり、「心や気やいのち」を考慮に入れていません。したがって数々の「不思議」が未解決のままになっています。相対性理論も、対象を物質とそのエネルギーと空間だけに限定した狭い理論であると私は感じています。

「第1章　宇宙の不思議」はここまでに留めたいと思います。科学が進歩しているとは言っても、不思議がまだまだ一杯残っていることをご理解して頂ければ十分です。
なお、＜私見＞と題した部分は、私自身の個人的見解を一部挿入しました。私見に関しては、「第5章　宇宙のしくみ＜仮説＞」において、あらためてまとめてご説明する予定です。

では第2章に進みます。
第1章では宇宙などマクロな世界を対象にしましたが、第2章では逆に極微の世界、ミクロの世界の不思議を概観していきます。

第2章　ミクロの世界の不思議

［2－1］ 量子論とは？

（1）原子より小さなミクロの世界を探求する物理学を「量子論」と呼んでいます。量子力学と呼ばれることもあります。量子とは、極微のツブ（かたまり）という意味あいです。原子以下の小さな粒子を量子と呼んでいます。原子や電子や素粒子などが量子です。
素粒子とは、それ以上分解できない粒子のことを言います。電子をさらに細かく分解することはできないので電子も素粒子のひとつです。

（2）量子論は、相対性理論と並んで、現代物理学の双璧といわれており、最重要な理論といってよいと思います。相対性理論は、私たちの感覚や常識から懸け離れたところがあって理解し難い理論ですが、量子論はさらに輪をかけて解かり難い理論です。ミクロの世界にはそれだけ不思議が満ちているということでもあります。
アインシュタインでさえ量子論について悩み続けたと言われています。したがってここでは超簡単にあらましだけを述べていきます。

（3）量子論には、柱になるいくつかの重要な理論があり、それらをまとめて「標準理論」と呼んでいます。本書ではその中身の説明は省略し、それらの結果を超簡単にご紹介いたします。
量子論によって、万物の根源が解き明かされつつあります。そして「物質」を構成する素粒子がいくつも発見されてきています。電子や光子もそれらの一つです。また、物質の内部や、物質どうしの間に働く「力」の根源も解き明かされつつあります。電磁気力もその一つです。

（4）私たちが生活する上でのスケールは、長さでいえば、cm、m、kmで測れる長さが普通かと思います。重さでいえば、g、kg、ton　などではないでしょうか。
私たちは、これら中程度のスケールの中で暮らし、そのスケールでの感覚と常識が積み重なって生きています。

一方、宇宙を考える場合の距離のスケールは、桁外れに巨大なスケール「光年」が使われます。１光年は、光の速度で1年かかる距離、約9.46 $\times 10^{15}$ mです。15乗は､数字の後に0を15個付け足すことを意味します。また、原子以下の小さなミクロの世界では、10^{-15} mとか10^{-30} mとか桁外れに小さな極微のスケールになってしまい、私たちの感覚と常識から懸け離れています。

（5）巨大スケールと中程度スケールの物理学では、「相対性理論」が使用され、極微スケールでは、「量子論」が使われます。なお、中程度のスケールでは、ニュートン力学が簡単で使い易いため、実用上誤差が気にならない範囲で多用されています。
本来は、スケールによって理論を使い分けるのではなく、全てのスケールをカバーする「究極の理論」の構築が必要であり、現代物理学の大きな目標になっています。
なお、巨大スケールや中程度スケールにおいても、全ての物質は原子や素粒子でできていますから、量子論はミクロの世界だけでなく全てのスケールで成り立つ必要があります。

（6）原子の構造は、太陽と惑星の関係のように、中心の原子核の周囲を電子がくるくると周回しているイメージをお持ちの方が多いと思います。昔は学校でそのように習いました。しかし量子論の成果によると、電子は原子核の周囲に拡がる波であって、球状の雲のように拡がって振動しています。電子そのものを見ることはできません。
そしてその波を表す「波動方程式」を解くことによって原子や分子の性質や構造を正確に計算することができます。

（7）コンピュータやスマートフォンなどに不可欠な半導体などは量子論の成果を応用して著しく進歩してきました。
また、医薬品、日用品、化粧品、繊維など様々な化学製品の研究･解析･開発に量子論が大いに役立っています。膨大な費用をかけて沢山の数の実験をしなくても、量子論に基づいた計算から、様々な分子どうしがどのような反応を起こすのか予測できるようになってきました。

（8）量子論の原理を応用した「量子コンピュータ」の研究が行われています。実用化には時間がかかりますが、現在最先端のスーパーコンピューで何億年もかかる計算をあっという間に解ける可能性があると言われています。

<注目！>

量子論の分野では日本人科学者が大活躍をしています。量子論を切り拓いてきたといっても過言ではありません。事実、この分野で多数のノーベル賞受賞者を輩出しています。
ノーベル物理学賞を受賞した科学者として、湯川秀樹博士、朝永振一郎博士、江崎玲於奈博士、小柴昌俊博士、南部陽一郎博士、小林誠博士、益川敏英博士などです。また福井謙一博士は、量子化学の分野でノーベル化学賞を受賞しています。もちろんノーベル賞受賞者以外にも多くの優秀な日本人研究者が世界中で活躍しています。

<補足>

原子の大きさは、1000万分の１mm程度です。その中の原子核の大きさは、その５桁下であり、１兆分の１mm程度です。なお電子の大きさは、さらに４桁下の大きさです。

原子を地球の大きさに例えると、原子核は東京ドーム程度、電子は野球のボール程度の大きさに相当します。実際には電子は見えません。電子の波が振動しながら地球サイズに拡がっています。原子の中はスカスカの状態であり、空間（原子の場）がほとんどを占めています。

スカスカな筈なのに石や金属に触ると固く感じるのは、物や手の表面の原子が反発するからです。原子の外側はマイナスの電気を帯びた電子の雲で覆われているので、お互いにマイナス電気で反発することによって跳ね返され固く感じると考えられています。

［2－2］ 物質の根源は？

1．物質の根源は原子？

万物の根源については、古代から多くの哲人によって思索が続けられてきました。ギリシャ時代のプラトンやアリストテレスの哲学は、後世の西欧文明に多大な影響を与えました。そのアリストテレスは、四大元素説を唱え、万物は「火、空気、水、土」から成ると考え、また霊魂について論じています。
デモクリトスは、同じギリシャ時代に既に「原子」（アトム）という概念を論じていますが、当時としては斬新過ぎて受け入れらなかったようです。

時が経ち19世紀後半から20世紀前半にかけて、万物の根源が少しずつ解かり始めてきました。分子や原子などです。
私が小学校のころ1950年前後の一般の本には、全ての物質は「原子」で出来ていると載っていました。さらに、「原子」は、中心に位置する原子核と、その周囲を飛び回る電子から構成され、原子核は陽子と中性子から構成されると書いてありました。
すなわち万物は、「陽子と中性子と電子」のたった３種類の基本粒子から構成されていることになります。極めて単純で明快で美しい理論でした。
そして原子の中の陽子の数に対応して元素名がつけられました。陽子１個の原子は水素、陽子２個の原子はヘリウム、同様に６個なら炭素、７個なら窒素、８個なら酸素・・・、陽子92個ならウラン、などです。

2．クォークの登場

（1）20世紀半ばを過ぎると、宇宙線の観測や、人工的な粒子加速器実験によって、陽子や中性子や電子以外にも様々な微小粒子が発見されるようになりました。
そして1960年代になると、陽子や中性子は素粒子ではなく、それ自体が複数の別の粒子から構成されていることが判ってきました。その別の粒子は「クォーク」と呼ばれており、６種類のクォークが発見されています。クォークが６種類あることを予言したのは、前述の小林誠博士、益川敏英博士です。

（2）陽子も中性子も３個のクォークから構成されていることが判ってきました。陽子は２個のアップクォークと１個のダウンクォークから構成され、中性子は１個のアップクォークと２個のダウンクォークから構成されています。

（3）走査型電子顕微鏡を使うと原子の配列を見ることができますが、原子１個だけを見ることはできません。当然、原子の中の原子核や電子を見ることはできません。ましてや、原子核の中で３個のクォークが結びついている様子を実際に見た人は誰ひとりいません。量子論に限らず科学は、その時点における仮説の集合に過ぎません。

3．素粒子の標準モデル

これ以上砕くことができない微粒子、すなわち物質を構成する最も基本的な粒子を「素粒子」と呼びますが、素粒子の候補は今までに多数発見されています。そしてこれらを整理・分類した「**標準モデル**」と呼ばれる素粒子リストがあります。これが現代における「万物の根源」に相当することになります。ただし、残念ながら今まだ現在進行形です。言い換えると、21世紀の現代においても、万物の根源は完全に解明されてはいないのです。

図３ 代表的な素粒子

私たちが目にする物質は、わずか３種類の素粒子、すなわち電子とアップクォークとダウンクォークから構成される。なお、電子はそれぞれの軌道面を飛び回っているので、粒としては見えず電子の雲のように見える。下図の上部は原子の断面を示す。

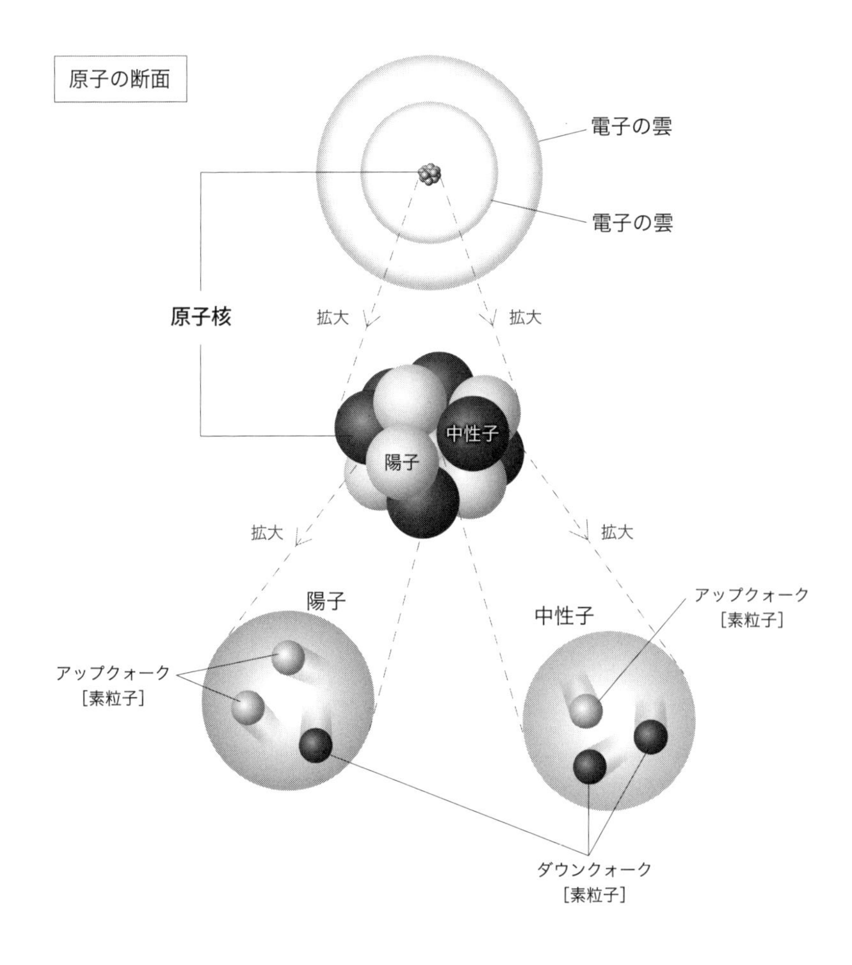

素粒子の「標準モデル」を大別すると、物質を構成する素粒子12種類と、力を伝達する素粒子４種類、そして質量を生み出す素粒子１種類に分類されます。

[素粒子の標準モデル]

（１）物質を構成する素粒子

a.クォークの仲間：　６種類（アップクォーク、ダウンクォークなど）
b.電子の仲間：　３種類
c.ニュートリノの仲間：３種類

（２）力を伝達する素粒子

a.電磁気力を伝える素粒子：　光子（フォトン）
b.弱い核力を伝える素粒子：　ウィークボソン
c.強い核力を伝える素粒子：　グルーオン
d.重力を伝える素粒子：　重力子（未発見）

（３）万物に質量をあたえる素粒子

a.ヒッグス粒子：　2013年に発見されたばかりです。

以上の素粒子を合計すると17種類になります。しかし、これらは基本の素粒子であり、これらの他に反粒子と呼ばれる影武者的な素粒子もあります。
以下、順番に簡単な説明を加えます。

4．物質を構成する素粒子

（1）物質を構成する素粒子は全部で12種類ありますが、その中の主役はクォークと電子です。原子核は陽子と中性子で構成されますが、両方ともクォークで出来ています。結局、物質はクォークと電子で構成されていることになります。その他の素粒子のほとんどは寿命が短いため、永く存在できません。粒子加速器実験や宇宙線の衝突によって短時間だけ現われ直ぐに消えてしまいます。

（2）ニュートリノは、太陽はじめ様々な天体から常時大量に放出されていますが、極微のため人体も地球もすり抜けてしまいます。当初、重さゼロと考えられていましたが、最近僅かに重さがあることが判ってきました。地球上では、太陽からのニュートリノだけでも1 cm^2あたり毎秒660億個ほど通り抜けているという計算結果もあります。
放射性物質がベータ線を出して崩壊するときにも、一緒にニュートリノが放出されます。

5．力を伝達する素粒子

素粒子が存在しても、それらに「力」が作用しなければ、素粒子どうしが集まって原子核や原子などの物質を構成することができません。
自然界には様々な力が働いていますが、整理すると以下のたった4種類の力だけになると言われています。
（1）電磁気力
（2）弱い核力
（3）強い核力
（4）重力

普段私たちが実感できる力は、（1）電磁気力と（4）重力だけです。（2）弱い核力と（3）強い核力は、原子核の内部だけで働く力なので、私たちが直接感じることはできません。

力を伝達する素粒子というのはイメージが湧き難いかと思います。素粒子の「標準理論」は、これらの力が発生するしくみを説明しています。これらの力は、それぞれに対応した「力を伝達する素粒子をやりとり」（キャッチボール）することによって生ずると考えます。なお、力＝相互作用と考えます。
「力を伝達する素粒子の授受」によって粒子間に働く力を説明したのは、1934年の湯川秀樹博士の「核力」の理論が初めてです。

（1）電磁気力

（a） 電磁気力は原子や分子を形作る重要な力です。プラス電気を帯びる原子核と、マイナス電気を持つ電子が、電気的にバランスすることによって原子が成立します。
朝永信一郎博士は、電磁気力を光子（フォトン）の授受で説明する理論により、1965年ノーベル物理学賞を受賞しています。電磁気力は、電気と磁気による相互作用です。例えば、＋の電気と－の電気の間に引力が働きますね。＋と＋、－と－の電気の間には反発力が働きます。これらは相互作用すなわち力です。

（b） 電気の実体は電子です。電子は絶えず表面で光子を出し入れしていると考えます。電子Aの近くにたまたま電子Bがいたときに、電子Aの出した光子を電子Bが受け取ると、作用反作用によってA～B間に反発力が働きます。

（c） 例えば、滑らかな氷上で２人が向き合ってキャッチボールをしているとします。ピッチャーが球を投げると、反作用によってピッチャーはボールと反対方向へ僅かですが後退します。キャッチャーが球を受け取るとキャッチャーも僅かに後退する筈です。ボールの授受をすると、作用反作用の法則によって結果的にお互いが遠ざかります。すなわち、ピッチャーとキャッチャーの間に反発力が働いたことになります。
２個の電子同士でも同じです。双方で光子の授受があれば反発力が生じます。電子同士が接近するほど光子の授受が増えるので反発力も大きくなります。

（2）弱い核力

原子の崩壊を引き起こす力です。その強さは電磁気力の1000分の1ほどです。
不安定な原子（放射性物質）は、弱い核力によって自ら崩壊して、放射線（ベータ線とニュートリノ）を出します。福島第一原発事故で話題になったセシウム137なども放射性物質であり、弱い核力によって絶えず放射線を放出しています。

（3）強い核力

陽子や中性子などの中で、クォーク同士に働いている力を強い核力と呼んでいます。電磁気力の100倍ほどの強さです。
原子核の中でプラス電気をもつ陽子どうしがバラバラにならずに原子核が維持されていることは以前から大きな謎でした。湯川秀樹博士（1907～1981）はその理由を、「中間子」の授受による「核力」によって説明し、中間子の存在を予言しました。そして1947年、宇宙線の中から実際にパイ中間子が発見され、1949年、日本人で初めてノーベル賞（物理学賞）を受賞しました。

（4）重力

重力を量子論によって説明しようと長年努力が続けられてきましたが成功していません。重力は量子論の範囲外に留まっています。取り敢えず重力を伝える素粒子を「重力子」（グラビトン）と呼んでいますが実際には未観測、未発見です。

6．ヒッグス粒子

ヒッグス粒子は､宇宙空間のいたるところに満ちており､物質の重さ（質量）を生み出す源と考えられています。素粒子が移動する際にヒッグス粒子と頻繁に衝突するために抵抗を受けて動きにくくなります。その抵抗がその素粒子の質量になると考えられています。

<トピックス>

ヒッグス粒子は、1964年に英国のピーター・ヒッグス博士らによって仮説として提唱されました。2012年７月、実験によって「ヒッグス粒子と見られる新粒子が発見された！」との第１報が報じられました。その後データ集積と慎重な確認作業が続けられ、ヒッグス粒子の存在が確認されました。2013年秋、異例のスピードでヒッグス博士らにノーベル物理学賞が贈られました。
なお、ヒッグス博士らの仮説は、南部陽一郎博士の「自発的対称性の破れ」という重要な理論がその大元になっています。

<私見>

私は、自然界に働く「力」は４つだけではないと考えています。物理学の専門家でもない者が何を言うのかと驚かれると思いますが、物理学者がこの宇宙の全てを知り、感じ、思索しているわけではないと思います。
私は５番目の力として、「意識によって生ずる力」があると思っています。意識が物質に影響を及ぼすのです。この力は「気（エネルギー)」と大きく関わっています。意識は気（エネルギー）を伴うので物質に作用を及ぼすと考えています。そう考えないと説明できない事象がとても多いからです。第５章であらためてご説明いたします。

［2－3］ 素粒子の影武者

ポール・ディラック（1902～1984：英国）は20世紀前半に陽電子の存在を予言しました。通常の電子はマイナスの電気を帯びていますが、プラスの電気を帯びた陽電子が存在し得ると考えました。そして1932年、宇宙線の観測によって実際に陽電子が発見されました。
理論物理学では、様々な「対称性」を重視します。マイナスの電気を帯びた電子だけが宇宙に存在するのは不自然で偏っていると考えます。プラスの電子があった方が自然だと考えます。「対称性」に関しては、電気のプラス、マイナスだけでなく、スピン（自転量）の対称性など様々な対称性が重視されています。

1．反粒子

（1）一般的に粒子と反対の電気を持つ粒子を「反粒子」と呼びます。したがってプラスの電気を帯びた陽電子は、マイナスの電気を帯びた普通の電子の反粒子です。クォークにも電気が逆の反クォークがあります。そして、反クォークや陽電子から作られる反原子も存在し得ます。理論的には、反原子から反物質を作ることも可能です。ＳＦに時々登場するようですね。

（2）様々な粒子に対して影武者のように、あるいはパートナーのように「反粒子」が対応して存在します。粒子と反粒子には、機能の差や優劣はありません。電気的な性質が反対であることだけが相違しています。なお、粒子と反粒子が出会うと、双方とも忽ち消滅してエネルギーを放出します。

（3）自然界においては、反粒子はほとんど存在しません。しかし、宇宙線が上空の空気の分子等に衝突した際に瞬間的に現われたり、粒子加速器によって粒子どうしを衝突させることによって人工的に短時間だけ反粒子を作ることができます。

（4）宇宙創成期のビッグバンの際に、素粒子と反素粒子は同数だけ大量に発生した筈と考えられています。しかし未知の理由により、反素粒子は宇宙初期に消滅してしまい、普通の素粒子や普通の物質だけが残ったようです。

2．超対称性粒子

（1）反粒子までは素粒子の「標準モデル」に折り込まれています。反粒子とは別に、「超対称性粒子」の存在が予言されています。様々な粒子に対して影武者のように、あるいは鏡の鏡像のように、「超対称性粒子」が対応して存在し得ると考えられています。粒子は固有の「スピン」（自転運動量）を持っています。超対称性粒子は、パートナーの粒子の「スピン」の量と比べて、対称的な値をとる粒子のことを指しています。

（2）超対称性粒子のひとつとして「ニュートラリーノ」と呼ばれる素粒子の存在が予言されています。ニュートラリーノは、第１章でご説明したダークマター（暗黒物質）の正体の最有力候補と言われ、世界中の科学者がその発見競争を繰り広げています。
日本でも、岐阜県神岡鉱山の地下1000mに、宇宙線の観測装置を設置してダークマターの発見に努めています。鉱山のような地下深い場所では地表の雑音を軽減できるため宇宙線の観測に適しているからです。

（3）「超対称性粒子」に関する理論は、「超対称性理論」と呼ばれています。標準理論の欠点を克服する可能性があるため近年脚光を浴びています。超対称性理論は、重力も含めた全ての力を統一する究極の理論になる可能性があると期待されています。その候補が「超ひも理論」です。

<補足>　粒子加速器

（1）量子論は、理論と実験を車の両輪として発展してきました。20世紀前半ころまでは理論が主体になって進歩し、後半は実験が重要な位置づけを占めてきました。紙と鉛筆だけでもできる理論分野は、日本人物理学者の得意分野であり、前述のとおり湯川秀樹博士を筆頭にして多くのノーベル賞受賞者などが中心となって大活躍してきました。

（2）実験は、宇宙線観測と粒子加速器実験に大別されます。宇宙線は強力なエネルギーを持っているため、地球上の分子や原子などに衝突すると様々な素粒子が発生します。素粒子の軌跡を解析することで新粒子を見つけてきました。ポール・ディラックの陽電子や湯川秀樹博士の中間子などの発見が代表例です。

（3）粒子加速器は、強力な電界や磁界によって、人工的に高いエネルギーを粒子に加えて光速近くまで加速した後、他の粒子に衝突させます。その際、飛び散って発生する様々な粒子を観測して未知の粒子を発見していきます。ヒッグス粒子が代表例です。
付加するルエネルギーが大きいほど破壊力が大きくなって、より強固な粒子でも破壊することができるため、年々大型化、強力化してきています。
日本では、茨城県つくば市の高エネルギー加速器研究機構や、東海村Ｊ－ＰＡＲＫ、兵庫県の理化学研究所などに設置されて様々な研究が続けられています。

（4）スイスのジュネーブ郊外に、今のところ世界最大の「粒子加速設備」が稼働しています。地下100mのトンネル内に設置された１周27kmの環状の巨大実験施設です。略称で「ＬＨＣ」と呼ばれており、日本の研究者や企業も深く関わっています。

前述の「ヒッグス粒子」は、このＬＨＣによって発見されました。また、ダークマターの有力候補である「超対称性粒子」を発見すべく多くの科学者がＬＨＣを使用して凌ぎを削っています。

（５）日米欧が構想する次世代最新型の超大型線形加速器（国際リニアコライダー）の建設計画があり、それを東北地方の北上山地に招致するかどうかが時々話題に上がっています。

［２－４］ 量子論のポイント

量子論の中で重要な点、そして常識的に理解しづらい点をいくつかご紹介します。

１．光には粒の性質がある （光量子論）

アインシュタインは、光は光子（光量子）の集まりであり、粒子の性質を持つと考えました。光量子論と呼ばれています。アインシュタインは、1921年ノーベル物理学賞を受賞しましたが、意外にも相対性理論によって受賞したのではありません。当時の事情によってこの「光量子論」によって受賞しました。

２．粒子と波の二面性

光には粒子の性質があることが判った一方で、波の性質があることはその前から知られていました。光は、波の性質を持ちながらも、粒子としての性質も持つことになります。これは光の粒子自身が波のように蛇行して進むという意味ではありません。ある場面では粒子のように見え、また違う他の場面では波のように見えるという意味です。
そしてこの粒子と波の二面性は、光子だけでなく電子や他の素粒子についても当てはまります。アインシュタインもこの二面性を説明するために悩んだと言われています。本件はミクロの世界の不思議の一つですので、別途ご説明いたします。

3．不連続性

量子論の重要な概念に「不連続性」があります。不連続性とは、ある「値」が連続的に滑らかに変化するのではなく、とびとびに階段を上下するように、不連続に変化するという意味です。量子論の登場前は、光やエネルギーは連続的に限りなく弱くできる筈と考えられていました。しかし、光の単位は光子であり粒なので、極限まで弱くしていくと、最後はあるかないか、1か0かになってしまいます。極微の世界では光だけでなく、エネルギー量や電気量（電荷）や回転量（スピン）も同様に、不連続な値しかとれなくなります。

4．決定論ではなく確率論

ゴルフの打球は、刻々とその位置や速度を予測し観測することができます。ボールの初速や回転や角度が決まれば、ボールの軌跡が決まり、到達距離や高度が確定的に決まります。これが決定論です。
しかしミクロな素粒子の世界では、個々の素粒子の具体的な位置を決定的に定めることはできなくなります。どこにどの程度の確率で存在し得るのかという確率論になってしまいます。

5．不確定性原理

写真の細部を見ようとして拡大すればするほど、細部がボヤケていきますね。ミクロの世界も同じであり、原子より小さな素粒子はボケてしまい、ハッキリと見ることが出来なくなります。
素粒子の位置や速度（運動量）を知ろうとしても、ハッキリと測定することができなくなります。位置をハッキリさせようとすると速度がボケてしまい、逆に速度をハッキリさせようとすると、位置がさらにぼんやりしてしまいます。これを不確定性原理と呼び、ミクロの世界の重要な法則です。なお量子論においては、ボケるという言葉でなく「ゆらぐ」という言葉を使います。
なお、位置や速度（運動量）だけでなく、時間とエネルギーに関しても不確定性原理が当てはまります。

6．観測問題

何かを見るとき、対象物に当たった光が反射して目に入ることで私たちは「見る」ことができます。見ることによって、家具やリンゴなどの対象物が変化することはありませんね。
しかし、ミクロの世界では一変します。例えば、電子などの素粒子に光を当てて見ようとすると、当たった光のエネルギーで電子が影響を受けてしまい、元のままの電子を見ることはできません。すなわち、何かを観測しようとするとその行為で状態が変化してしまうという「観測問題」があります。
このことは哲学的な深い意味合いにまで発展します。人間の、観測しようとする「意識」によって電子という存在が具体化されたと考えることもできます。観測者がいるからこそ、電子や素粒子が実存すると考えることもできます。

7．トンネル効果

テレビやラジオの電波は波であり、電波は家の壁をすり抜けますね。素粒子も波としての性質を持っており、確率的に障壁をすり抜けることがあります。壁にトンネルを掘って壁の外に素粒子が抜け出したように見えることから、「トンネル効果」と呼ばれています。粒子が小さいほど、またエネルギーが高いほど、壁を抜け出す確率が大きくなります。

8．量子論の問題点

（1）素粒子の「標準理論」は実用面で大きな成果をあげてきています。しかし様々な難問もあり、中でも「重力」を説明できていないという大きな欠点があります。それだけでなく、ミクロの世界での重力の作用そのものが明確になっていないようです。

（2）基本素粒子の他に、反粒子までは素粒子標準モデルに組み込まれています。しかし超対称性粒子は組み込まれていません。もし将来、ダークマターの正体が、超対称性粒子のひとつであると判明した場合、それなりの対応が必要になります。

（3）また基本の標準モデルだけでも素粒子の種類が17種類あり、さらに反粒子や超対称性粒子など影武者の素粒子も加えると、あまりにも数が多くなり過ぎている感があります。また各素粒子の大きさや質量も重いものから殆ど質量がないものまで10数桁も掛け離れています。
万物の根源の説明としてはむしろ乱雑であり、シンプルでなく美しくないのです。
素粒子の「標準理論」は、実用面で成果を上げていますが、現在は残念ながら不完全な状態に留まっていると考えられます。

[補足1]　粒子と波の二面性

粒子と波の二面性については既に簡単に触れましたが、何故なのか、どのように考えればよいのか諸説があり、現在なお明確には確定していません。ここでは、コペンハーゲン派解釈と呼ばれる仮説を簡単にご紹介します。
音波や水面の波のように、波は一般的に拡がりをもって振動しています。
光や素粒子の波も普段は拡がりをもって振動しています。
しかし、光や素粒子の波を人間が見よう（観測しよう）とすると、それまで波として拡がっていたものが瞬時に１点にちぢんで粒子のように見える、というのがコペンハーゲン派解釈です。すなわち、見ていないときは波として振る舞い、見ようとすると粒子として振る舞うのです。そして粒子がどこに現れるかというと、確率的に波の山や谷のところで現われ易いというのです。
コペンハーゲン派解釈は、ニールス・ボーア（1885～1962：デンマーク）らによって提唱されていますが、アインシュタインは納得せず、何度も論争に挑んでいます。しかし勝利できませんでした。
なお、素粒子の波も他の全ての波も、エルヴィン・シュレーディンガー（1889～1961：オーストリア）の「波動方程式」を解くことによって解析することができます。波動方程式は量子論において、とても重要な役割を果たしています。

[補足2]　たとえ話

（1）普通の人は、降っている雨の「雨粒」をハッキリ見ることはできないですね。雨粒の軌跡である「縦の線」を見ています。縦の線をしっかり凝視しても、雨粒がどこにあるかはなかなか解かりません。しかし、超高速度カメラを使えば雨粒を撮影することができます。その時は、縦の線は消えて雨粒だけが見える筈です。

（2）私は、「粒子と波の二面性」についても、同様に考えると納得し易いかと思っています。すなわち、普通にボンヤリ見ていると粒子は、粒子としてではなく長さのある線（＝流れ～波動）として見えますが、しっかり凝視して見ると粒子として見えてくると考えられます。

（3）「不確定性原理」も、同様のたとえ話で考えると納得し易いかも知れません。
固定した超高速度カメラを使って雨粒を撮影すると、タイミングがピタリと合えば雨粒の形と位置は判りますが、速度は判らなくなります。
カメラを雨粒と同じ速度で降下させながら撮影すると、カメラの速度から雨粒の速度は判りますが、位置が判らなくなります。

上記はあくまでも私のたとえ話です。しかし量子論のように直感的に判り難い理論を理解しようとする場合は、たとえ話が役立ちます。物理学者もたとえ話をよく使って説明しています。納得し易くなり、腑に落ちる場合があります。

［2－5］ 超ひも理論

1．経緯

（1）超ひも理論の原型は、1970年、南部陽一郎博士（2008年ノーベル物理学賞を受賞）らによって提唱されました。陽子や中性子は、その内部に3本の極微の「ひも」があり、このひもの振動のしかたで陽子として振る舞ったり、中性子として振る舞うとする理論で、当時は「ひも理論」と呼ばれていました。
この理論は3次元空間でなく高次元空間を前提にしていたため、当時は受けいれられませんでした。多くの物理学者はアインシュタインの4次元時空（3次元空間＋時間）に捉われていたからです。

（2）かわりに既にご紹介した素粒子の「標準理論」が広く受け入れられてきました。しかし、素粒子標準理論にはいくつか問題があり、中でも「重力」を説明できないという大きな欠点があります。

（3）1984年米国のジョン・シュワルツ博士らによって「超ひも理論」が提唱され現在も研究が続けられています。南部陽一郎博士らの「ひも理論」をベースにして発展させてきたものです。

2．超ひも理論とは？

（1）今まで自然界の最小単位は、極微のツブあるいは点と考えられてきました。そして、クォーク、電子、ニュートリノ、光子などが素粒子と呼ばれてきました。そしてそれらを整理してまとめたものが素粒子の標準モデルでした。

（2）超ひも理論は、超弦理論、Superstring Theory　などとも呼ばれています。超ひも理論では、自然界の最小単位をツブや点でなく、極微の1次元のひもと考えます。短いけれども長さがあるので振動できます。たとえば、クォークは１本のひもの振動に相当し、電子は別の1本のひもの振動に相当すると考えます。振動のしかたが異なるので別の粒子として見えてしまうと考えます。
ヴァイオリンなどの弦楽器は、弦の振動のしかた（モード）で音色や音程が変わりますが、同様にひもの振動のしかたで素粒子の性質が変わると考えます。

（3）ひものサイズは極微ですが、形状は２種類あります。輪ゴムのような「閉じたひも」と、輪ゴムの１カ所を切ってのばしたような「開いたひも」です。両方とも様々に振動します。重力以外のすべての素粒子は、「開いたひも」の振動ですが、重力だけは「閉じたひも」の振動によると考えています。

（4）宇宙の全ての現象を説明するためには、重力と空間と時間の理論である相対性理論と、超ミクロの理論である量子論の双方を統合する「究極の理論」が必要になります。
現在この究極の理論に一番近いのが「超ひも理論」であると言われ脚光を浴びています。「超ひも理論」の「超」は、「超対称性粒子」の存在を仮定しているひも理論という意味あいです。

（5）究極の理論が完成できれば、宇宙の創生や終わりがどうなのか、ブラックホールの中心（特異点）がどのようになっているかなどを数式で説明できるようになると期待されています。しかし、現状はまだまだ解決すべき問題が複数あって道半ばの段階です。

3．超ひも理論の特徴

（1）超ひも理論の一番の特長は、極めてシンプルで直感的で美しいことだと思います。１次元のひもの振動で全ての素粒子を説明できればこの上なく単純明快です。

（2）そして素粒子標準理論で説明できなかった問題のいくつかが、超ひも理論で簡単に解決できることです。標準理論では、最小単位を点と考えているため、点の直径や面積が０に近づくにつれて、それらを分母にもつ様々な計算式が無限大に発散し、計算不能になってしまいます。これは大問題でしたが、長さを持つひもを仮定することで発散しなくなり、無限大問題が簡単に解消してしまいます。

（3）つい最近まで、この世界は３次元空間であると考えられてきましたが、超ひも理論では、９次元以上の空間を必要条件にしています。９次元空間を前提にしないと超ひも理論が成立しないのです。逆に言うと、この宇宙は３次元ではなく、９次元以上の空間であることを予言していることになります。
1970年頃の南部陽一郎博士の「ひも理論」の時代は、多くの科学者は３次元空間に捉われており、高次元空間は全く受け入れられませんでした。40年経過してようやく高次元空間が認識され始めたところです。

（4）超ひも理論の登場によって、宇宙に対する見方が大幅に拡がり始めています。例えば、私たちの宇宙は１つだけでなく、様々なタイプの別宇宙が存在し得るという「多宇宙論」などがあります。また「ブレーンワールド仮説」という仮説もあります。

［２－６］ ミクロの世界の不思議

これまで述べてきたように、量子論の「標準理論」は自然界に働いている４種類の「力」、すなわち、重力、電磁気力、強い核力、弱い核力のうち、３種類しか説明できない不完全な理論です。いちばん身近な重力に関しては説明できていません。

また、「標準モデル」で規定されている素粒子だけでも多いのですが、超対称性粒子などを含めて考えると、素粒子の数が数十個以上になってしまい、これらが万物を構成する究極の素粒子群であるというのは、乱雑過ぎて少々無理がありそうです。
それでは、万物の根源はどうなっているのでしょうか？
残念ながらまだ十分に解明されていないのが現状です。

そして今まで述べてきた以外にも、ミクロの世界には更なる不思議が満ちています。例えば以下のとおりです。

１．「対生成、対消滅」

（１）真空は、一切何も無い空間ですから、「真」の「空」と呼んでいますが、実は「真」の「空」など無いことが現代物理学で確かめられています。真空の筈の空間から次々と「素粒子」と「反素粒子」が対になって飛び出します。そして２つが合体するとあと片もなく消えてなくなります。「対生成、対消滅」と呼ばれ、現代物理学では周知の事実になっています。

（２）この宇宙に、一切何も無い空間は存在しないということになります。絶えず素粒子が飛び出したり消えたりを繰り返しています。何もない筈の真空から何故、素粒子と反素粒子が生ずるのか？　不思議ですね。

（3）量子論では、真空の「ゆらぎ」の結果であると説明しているようです。真空中のエネルギーが場所、場所によってゆらいでおり、ごく短い時間に限って考えると、ある場所で、ある瞬間に極めて高いエネルギーのピークが現われることがあります。そのピークが素粒子を物質化させるのに必要なエネルギーを超えると、$E=mc^2$ によって、対生成が起きるというものです。

（4）しかし、身の回りのテーブルや家や生物は確実にしっかりと存在しているように見えます。そのことと素粒子レベルでの対生成、対消滅とはどのように関連するのでしょうか？　なかなかピンと来ませんね。

2．素粒子の連携

（1）理解し難い難問もあります。関連する素粒子同士の間で、何らかの連携が行われているように見える現象があります。量子力学では、２つ以上の素粒子が相互作用できないほど十分に遠く離れても、一方の素粒子に対するある物理量を測定すると、他方の素粒子に対する測定結果に影響を及ぼすことがあり、このことを素粒子の「非局所性」といっています。「非局所性」という言葉は、素粒子のある局所だけでなく、より広い範囲（非局所）と素粒子が関わり合うという意味あいです。「素粒子のもつれ」と呼ばれることもあります。素粒子は物質の最小単位ですから、他と連携する意思など持たない筈ですが、そのように振る舞って見えるというものです。
アインシュタインも非局所性に関して悩み有名な「ＥＰＲパラドックス」を提起しています。

（2）たとえ話です。ゴルフ練習所で複数のゴルファーが思い思いにボールを打っている場面を想定します。打ち出されたボールは個々の軌道を描いて飛んでいきますから、同時に打ち出された他のボールとは全く無関係であり、衝突しない限り他から影響を受けることはありません。ところが、素粒子の世界では、素粒子が他の素粒子と連携して影響を及ぼし合っているように見えることがあるのです。

（３）「非局所性」については、学者の中でも賛否両論あり、意見が真っ二つに分かれているようです。そして賛成論者であってもその仕組みを説明することはできていません。大きな謎になっています。

３．意識と素粒子

（１）一般の科学者には理解し難いと思われる話もあります。人間の意識が素粒子の世界に作用を及ぼすことがあると言うのです。2014年春、ＮＨＫテレビのサイエンス・ゼロと言うシリーズで「超常現象－科学者たちの挑戦」というタイトルの番組が放映されました。繰り返し再放送されたのでご覧になった方もおられるかと思います。

（２）人間の意識によって、２重スリットを通過する光の干渉縞が影響を受ける、すなわち、光子（素粒子）の流れが意識の働きで変化してしまうと言う米国の研究報告です。

（３）また、量子論の成果（トンネル効果）を応用して厳密に設計された乱数発生器の出力が、大勢の人間の意識によって、通常は起きないほどの大きな出力の偏りを示す例が多数報告されています。

（４）ほとんどの科学者は「そんな馬鹿な！」と一笑に付すと思います。今までの科学常識では説明不可能な現象が、ごく一部の研究者ではありますが、漸く研究テーマに上がってきた段階です。

［補足］　ミクロの世界と日常の世界

これまで見てきたように、ミクロの世界における粒子の振舞いはとても奇妙であり直感的に理解し難い現象が満ち溢れています。それでは、私たちが従来から普通に見てきた現象と、ミクロの世界とはどのようにつながっているのでしょうか？

電子の振舞いは電子の数によって様相が変化します。何千万個、何億個以上の電子が同じ動きをすると「電流」が流れ、電燈が点灯しテレビが映ります。そして、オームの法則やフレミングの法則などの慣れ親しんだ電磁気の法則が成り立ちます。
ところが、電子が１個とか２個の微量になると、ミクロな量子論の範囲になるため従来の常識からかけ離れた振舞いが起きます。
すなわち、個々の電子や粒子は、量子論に基づいて振舞うため、ゆらぎが大きく、確率的な、バラバラな不思議な動きをします。しかし数が多くなると次第に平均化されて、統計的な、巨視的な、常識的な動きとして見えるようになると考えられます。

＜私見＞

（１）私は、宇宙の本体は高次元空間に拡がっていると考えています。高次元空間の次数は３次元よりも高いのですが具体的な次元数は不明です。９次元あるいは10次元、あるいはもっと高いのかも知れません。

（２）一方、私たちが認識できる３次元空間は、「物質の次元」と考えます。生命体は物質でできていますから、３次元空間と時間の制約を受けています。素粒子も物質ですから同じです。
ただし「心」は物質ではありませんから、３次元空間の制約を受けないと考えています。「心」は高次元空間の宇宙に拡がっているのです。

（３）そして私たちが認識できる３次元空間は、高次元の大宇宙に浮かんでいる「１つのサブ宇宙」に過ぎないと考えています。３次元空間は、高次元空間に浮かんでいるのですから、その周囲や内部も全て高次元空間に接触し包含されています。

（4）ミクロの世界は、３次元空間と高次元空間の接触面と考えることができます。
再び、私のたとえ話です。私たちが認識できる３次元空間は、「広大な海」（＝高次元空間）に浮かぶ「氷山のひとつ」（＝３次元空間）と考えます。
この時、氷山を構成する氷の粒子が「物質」に相当し、水は「非物質」（エネルギー）と考えます。
氷山は海水と接触していますから、その接触面の氷は部分的に溶け出し、また海水も一部凍り始め、海水（エネルギー）と氷（物質）が混ざり合う混沌とした曖昧な状態になっていると考えられます。

（5）人間は基本的に３次元空間に生きていますから、高次元空間の存在や現象は認識できません。
氷山と海水の接触面は、３次元空間と高次元空間との境界ですから、人間が理解できなくて当然であり何があっても不思議ではないと考えられます。（第１章の「１－７ 次元の不思議」をご参照ください。）

（6）なお、３次元空間において存在できる物質のサイズは、無限に小さくすることはできないようです。物質として存在できる最小限界のサイズは、10^{-33}cm程度までのようです。（プランク長と呼ばれています。）
それ以下のサイズは高次元の世界であり、物質は存在できません。人間にとって異次元の領域になってしまいます。

（7）大事な話なので何度も繰り返しますが、ミクロな世界は、３次元空間と高次元空間との境界領域であり、そのために人間から見ると直感的に理解できない不思議に満ち溢れていると考えます。３次元空間の制約を受けている人間が、高次元に属する不思議を究明できなくて当然であると考えます。

（8）人間の意識は、素粒子すなわち物質に作用を及ぼすことができると私は考えています。だから第１章で述べたように、それらを見落としているアインシュタインの相対性理論は狭いと言っているのです。

（9）人間は肉体だけで出来ているわけではありません。多くの物理学者、そして現代科学はそのことを無視しています。人間には「心や気やいのち」が深く関わっています。人間は、肉体だけでなく、エネルギー体（気）を持ち、心があり、いのちがあります。このことは次章以降で概観していきます。

（１０）ちょっとした訓練を積み、感覚を研ぎ澄ませば、心の働き、意識の働き、エネルギーの働きを実際に体感することができます。気功を長年やってきた私にとっては、意識が身体や物に対して作用を及ぼすことは不思議でも何でもありません。気功は、意識と気の働きで身体に作用を及ぼして健康を増進するだけでなく、見えない世界にまで意識を拡げ得る強力なテクノロジーなのです。
残念ながら、気功を嗜まない科学者の方々にはオカルトにしか思えないと思いますが。

（１１）原理的に、人間は物理的な手段を使って高次元の現象を認識することはできません。しかし上記のとおり、別の方法によって高次元の現象を垣間見ることが出来る場合があります。これは、まさに人間の不思議であり人間の隠された力です。人間を物質の集合のみと考えている人には理解不能と思います。本件は、後の章であらためて述べます。

「第２章　ミクロの世界の不思議」はここまでに留めたいと思います。科学が進歩しているとは言っても、不思議がまだまだ満ち満ちていることをご理解頂ければ十分です。第１章では宇宙などマクロな世界を対象に、そして第２章では、ミクロの世界の不思議を概観してきました。
いずれも、2013年および2014年時点の公知の最新情報に基づいています。ニュース、新聞、インターネット情報、科学雑誌、本、テレビ番組など、誰でも入手できる情報と私の記憶を基にして、私自身の言葉で記しました。

ただし、＜私見＞と題した部分は、私自身の個人的見解を簡単に記しました。第４章以降の内容は、私自身の実体験や考察に基づいており、一般常識から遊離した内容が多くなりますので、それらを少しでもご理解いただくための小さな「布石」として挿入しました。

次は第３章に進みます。
第３章では、生物の不思議を眺めていきます。

第３章　生物の不思議

［3－1］ 生物の多様性

1．生物の種類

現在地球上に生存する生物の種類は、少なく見積もっても150万種類といわれています。そのうち、植物は約30万種類、動物は約120万種類です。動物のうち、昆虫類が約80万種類、他の動物が約40万種類ですから、生物の半数以上は昆虫の仲間が占めています。そして未発見の種も数え切れないほどあるようです。

これらの多様な生物は、およそ40億年前に発生した原始的な生命体から長い時間をかけて進化してきたと考えられています。一方この間に多くの生物が絶滅してきました。現在生存している150万種類の生物のおよそ100倍、1億5000万種類の生物が絶滅してきたと推測されています。現在でも毎年40,000種の生物が絶滅しているとも言われています。日本でもニホンオオカミ、オキナワオオコウモリ、リュウキュウカラスバトなど120種の動植物が絶滅しています。その一方で新しい生物が海中や地中などから毎年多数発見されています。

なお、生物の種類150万種という数値は一例です。2013年の環境白書では175万種となっています。説によって数値の大幅なバラツキがあります。例えば、現在未発見の昆虫類は、既知の80万種の数十倍、恐らく5000万種ほどいるのではという推測もあり、生物全体では、1億種に近いという説もあります。

2．様々な多様性

生物は極めて多様であり、そして絶えず変化しています。ほとんど移動しない植物や菌類、地上や水中や空中を移動する動物や昆虫、その形態や行動はあまりにも多様です。

（1）生息領域・環境条件による多様性

生息領域と環境条件によって生物の生態や体の機能が大きく変化します。森林地帯、草原地帯、砂漠地帯、河川、湿地、海などで栄養源・餌の種類が変わり、それによって暮らし方が変わり、生態が変化し、さらに姿・形さえ変化していきます。

（2）エサ・捕食方法による多様性

何を摂食するかによって形態が変化します。
ただひたすら待ち伏せて、エサが近づいたら一気に瞬速で捕食する動物が多くいます。魚の中には水中から水鉄砲のように水を空中１m以上も飛ばして飛んでいる昆虫を水面に落下させて捕食するものもいます。クモのようにエサを採集するための特殊ネットを自作する変わり者もいますね。

イルカやコウモリのように「超音波」を駆使して獲物を捕獲する動物もいれば、電気ウナギのように「高電圧」の電気で感電させて捕食する魚もいます。電気知識も持たない筈の小さなウナギが、どうして電気を発電して捕食に活用しようなどと思いつき、また実際にからだを変化させてきたのでしょうか？
さらに食虫植物のように、様々な仕掛けで昆虫を捕食する恐ろしい植物もあります。目も脳もない植物がどうやってそんなことを思いついたのでしょうか？　不思議ですね！

固いイネ科の草を常食する草食動物、例えばウマは、消化のために長く大きな臼歯を備えるために2000万年かけて次第に長いウマ面になったと言われています。
一方肉食動物は、獲物を倒しその肉を噛み切る丈夫な犬歯があれば、肉自身は柔らかいので顎が短くなりトラやライオンのように丸顔になっているとの説があります。

（3）防御方法による多様性

多くの生物は天敵をもっています。どのような天敵がどの程度いるかによって、防衛・防御方法が変化します。
動物の80%は甲虫類と言われており、固い殻によって敵から身を守っています。カメやアルマジロ類も固い甲羅を持っています。ヤマアラシは、背中に強力なトゲを持っており、ヒョウやライオンさえも滅多に襲わないようです。
動けない植物は多くの場合、化学物質を自ら合成してからだに含ませています。虫たちに食べられないように、また病原菌に感染しないように有毒物質を製造したり、嫌な臭いを発生させることで捕食を諦めさせようとします。どうやって、有効な化学物質を研究し、合成できたのでしょうか？　またバラやサボテンなどのように、鋭いトゲを身に纏って防御しようとする植物もあります。

2001年、極めて珍しい深海性巻貝がインド洋の海底熱水噴出孔で発見されています。「鉄製のウロコ」を纏ったウロコフネタマガイ（英名：スケーリーフット）です。からだの一部が硫化鉄のウロコで覆われており、カニやエビなどから身を守るために完全武装しています。どのようにして「製鉄」したのでしょうか？
また、ある生物はカモフラージュしたり、擬態したり、様々な防御戦略を企てています。
有効な防御方法を持たない生物たち、例えば小魚や小鳥や小型の草食動物などは極めて多産であり、圧倒的な数の力で種を維持しようと企てています。

（4）住みかの多様性

多くの動物は森林や草原の茂みで寝起きしますが、高い樹上に巣やねぐらを作る鳥類や小動物も多いですね。また地中に穴を掘って巣を作る動物もいます。住みかによって、動物の習性や形態が大きく変化します。

地中に巣を作るアリやハチやネズミの一部は、群れの中で整然とした社会構造を作ります。生まれると個体ごとに役割が決まり、不平も言わずに（？）一生を過ごします。
集団（コロニー）を維持するために、女王、戦士、労働者、養育係など、一糸乱れず役割分担を行い協業しています。真っ暗な地中で、どのような仕組みが働いて見事な協同社会が運営されるのでしょうか？

特筆すべきは「ビーバー」のダム建設と思います。
カナダやアメリカに住むビーバーは土木建築家として有名です。大きく丈夫な歯を持ち、直径15cmの木をわずか10分でかじり倒します。水辺の樹木を次々と伐採して、その幹や枝を川に運び、流れを堰き止めてダム湖を建設します。大きなものでは、長さ600m以上、高さ４ｍ以上のダム堰堤を造り、ダムの内部に要塞のような複数の巣を作ります。クマやコヨーテから身を守るためです。直径30cmの樹木を切り倒しダムまで運搬するために、専用運河を作ることもあるようです。出来たダム湖の周辺には他の様々な生物が集まり新たな生態系が醸成されます。

（５）生殖方法の多様性

生殖方法や子育て方法も実に多様です。
生殖方法を大別すると、無性生殖と有性生殖に分かれます。無性生殖は、性によらずに個体が２つに分裂します。２つが４つに、４つが８つに、16に・・・と、倍々で急激に増殖するため、栄養があれば親と全く同じ子が短時間で次々と増殖していきます。ただし、突然変異がない限り、親の遺伝子から全く変化しないため、気候変動など大きな環境変化が起きた時に適応できなくなって絶滅するリスクがあります。

有性生殖は、雄と雌の生殖細胞が組み合わさることにより、親と異なる遺伝子を持つ子が生まれます。そのことによって多様性が大きく拡がり、環境変化に対応し易くなり、生物の進化を進めることになりました。
日曜日のＮＨＫの「ダーウィンが来た」や「自然百景」でも様々な動植

物の生殖や子育て例が紹介されています。その多様さは驚くばかりです。

3．生態系のバランス

（1）植物は、自分に必要なものは自分で作って生きています。太陽光を使って、水と炭酸ガスからブドウ糖やデンプンを合成し酸素を放出します。植物はとても立派です！
動物には、草食動物と肉食動物と、草でも肉でも食べる雑食系動物がいます。しかし全ての動物は、植物がいなければ生存できません。もし植物が無ければ草食動物は生きられません。そしてそれらを食べる肉食動物は存在できません。動物はいっさい存在できないのです。植物は生命体の始源であり、生命の基底を担っています。

（2）食う、食われるの一連の関係を食物連鎖といいます。先ず、植物プランクトンや植物が膨大にあり、その上に、動物プランクトンや小動物があり、さらにその上にごく少数の肉食動物が存在できます。「生態ピラミッド」と呼ばれる階層構造になっており、極めて微妙なバランスの上に成り立っています。環境変化やその他の影響で生態バランスが崩れる危険性が常に存在しています。

（3）人間は、人類誕生のときから植物や魚や動物を食べて生を繋いできました。100%他の生物に依存しています。そして、水と空気と太陽エネルギーの恵みを受けてきました。太陽と地球を含めた自然の大きな生態系に依存して人間は繁栄してきました。

（4）一方で人間は自然を改変し、人間にとって都合の良い状況に際限なく作り変えてきています。そして近視眼的に目先の利益のみを優先して、大きな生態系全体にまで意識が行き渡っていません。自然は既に危機的な状況にあると警告されています。生態系も大きな影響を受けて生物の多様性が損なわれつつあると危惧されています。

（5）生態系は、既に復元可能な一線を越えてしまっているかも知れません。ひょっとすると地球を含めた自然の大きな生態系にとって、人間は災いを及ぼす病原菌、あるいはガン細胞と同様な存在になっているのかも知れません。増殖にまかせて、最後は地球の生態系自体を死に至らしめる存在なのかも知れません。地球に生きる生物の「いのち」を大切にし、最低限生態系と環境を維持し、さらに積極的に復元していく必要があります。

＜蛇足＞　毒と薬

植物たちは、外敵や悪環境から自らを守るために様々な工夫を凝らして「化学物質を合成」しています。それらは外敵に対して毒物として作用します。人間はそれらを希釈して薬として利用してきました。
いわゆる漢方薬は、ほとんどの場合、植物の樹皮や根、実、葉、茎などを使っています。その量や調合方法によって自然の薬として役立ててきました。アスピリンやペニシリンなど西洋医学で使われる特効薬も植物やカビ類から作られる場合が多いようです。
また、私たちがビタミンやポリフェノール類として摂取する微量栄養素の多くも、植物たちが自らを守るために合成した化学物質を拝借しているのです。

＜補足＞　生物の分類法

一口に「生物」といってもその種類はあまりに多様です。
多様なため沢山の分類方法が行われてきました。古くはギリシャのアリストテレスの時代から分類方法があり、ここ10年ほどの間でも新しい分類方法が提案されています。

10年ほど前までは、ドメイン、界、門、綱、目、科、属、種などに区分され分類されてきました。

例えば人間（ヒト）の分類は、真核生物ドメイン、動物界、脊索動物門、哺乳綱、霊長目、ヒト科、ヒト属、ホモサピエンス種となるようです。

いちばん大きな分類であるドメインは３つあり、古細菌、真正細菌、真核生物です。真核生物とは、細胞の中に明確な核を持つ細胞、およびそれから出来た生物であり、普段私たちが目にする動植物はほとんどが真核生物です。
界は、動物界、植物界、菌界、原生生物界などに分れます。動物界の脊索動物門には、魚類、両棲類、爬虫類、鳥類、哺乳類があります。
分類の末端は「種」です。種は自然にできる同一集団の最小単位であり、他の似た集団とは生殖的に隔離されていて雑種を作らない集団を指します。

［３－２］ 生物の戦略

１．見事なカモフラージュ

イワシやニシンなどの魚の腹は白っぽく、背側は黒っぽく濃い色をしています。海に潜って魚の下から上を見上げると、海面が光に照らされて白く輝くので、魚の白っぽい腹が見えにくくなります。魚の上から見下ろすと、海底の暗い色と魚の濃い背中と渾然として見分けがつかなくなります。大きな魚に捕食されないように目立ちにくい色になっています。

一般的に草食動物は、敵に見つからないように土や草原や森などに近い、茶系の地味な色あいの毛皮をまとっています。でもアフリカのシマウマは、派手でコントラストの強い明瞭な縞模様をまとっています。凄く目立ちますね。しかし、彼らが隠れ場所にしているアカシアの森越しに、少し離れた場所から見ると、その縞模様のお蔭でかえって捕食者からは全く見えなくなるのだそうです。シマウマはどうしてそんなことを知ったのでしょうか？

多くの昆虫は、その生活環境で目立ちにくい色や形態をとり、カモフラージュしています。例えばコノハチョウは自らの姿を枯葉に似せて目立たなくしています。
他に、木の葉、枝、小枝、幹、石ころなどに似せてカモフラージュする生物が多数います。

2．様々な擬態

上記のカモフラージュは、その生物の生活環境で目立たなくなるような外見をもつ生物の例です。一方、積極的に自身の色や模様や形などをその場に応じて変化させて、より目立たなくできる生物も多数あります。両方とも擬態と呼ばれていますが、前者は静的な擬態、後者は動的な擬態と言っても良いと思います。目的は捕食者（敵）に見つかって襲われないようにする場合と、自分の餌になる生物に気付かれて逃げられないようにする場合、そしてその両方があります。

積極的、動的な擬態ではカメレオンが有名ですね。自分の居場所に応じてからだの色や模様を緑や黄や茶色などに変化させます。斑点の大きさや色や形も自在に変化させて周囲に溶け込んでしまいます。
海の生物も多様な擬態を凝らしています。例えば、タコやヒラメは、体表面に色素胞と呼ばれる特殊な細胞を持ち、小さな筋肉を使って大きくしたり小さくしたりできます。そして移動する場所に応じて、意のままに迅速に変色して擬態することができます。タコは数秒で変色できる能力を持っているようです。一体誰がそんな機能を設計したのでしょうか？　恐らくタコ自身は何も考えずに無意識でやっているのでしょうね。

自分を背景に溶け込ませて目立たなくするためには、自分のからだの姿形や色を見て、また背景の形や色を見て、もっとも目立たないように自らを変化させる必要があります。
人間の眼ほど優れた眼を持たない生物が、鏡もないのにどうしてそんなことが出来るのか不思議ですね。

3．ベイツ式擬態

チョウには多数の種類がありますが､有毒のチョウもいます｡有毒のチョウが多数生息する地域に、そっくりの無毒のチョウが混じって生息していることがあります｡無毒のチョウが自分の身を守るために､有毒のチョウをモデルとして姿､形､飛び方までそっくりに擬態します。有毒のチョウは鳥などの天敵から敬遠されるからです。発見者に因んでベイツ式擬態と言います。
無毒の普通のチョウが、一体どうして有毒のチョウを模倣しようと思いついたのでしょうか。小さなチョウにそんな知恵や視覚があるようには思えませんね。

ベイツ式擬態は、チョウだけでなく様々な生物で発見されています。スズメバチやミツバチにそっくりに擬態した無毒のアブやハエもいます。ブラジルのサバンナに住むトカゲやヘビは毒ヤスデに擬態します。脊椎動物が、無脊椎動物に擬態する数少ない例です。

4．繁殖のための擬態

オーストラリアのハンマーオーキッドというランは、その形態だけでなく、匂いや触感もハナバチ（蜂）のそれに似せています。この匂いに釣られてノコノコやってきたハナバチのオスが、ニセモノのメスとも気付かずに花と交尾しようとすると雄しべが身体にべったりとくっつきます。そして他の花に移動したときに花粉を渡してランの受粉をお手伝いするカラクリになっています。

植物が特定の動物の雌の形態に擬態している珍しい例ですが、脳を持たない植物がどうしてそんなことを思いついたのでしょうか？　突然変異だけで説明するのは困難と思います。後述しますが、１つや２つの遺伝子が突然変異しても形態が大きく変化することは考え難いのです。多数の遺伝子が一斉に突然変異しないとここまで見事な形態変異は不可能と思われます。

５．毒と警戒色

ある種の生物は、攻撃や防御の武器として体内に毒を持っています。小さな小動物が、どのようにして毒物を研究し、体内で化学物質を合成できたのか不思議ですね。
そして毒を持っていても、捕食者がそれを知っていて恐れなければ捕食者に食べられてしまいます。そこで多くの有毒生物は、毒を持っていることをアピールして、自らが食べられないようにするため警戒色を使用します。
警戒色は鮮明で目立つ色と模様が使われます。毒々しい赤や黄色や黒や白などの模様が多いようです。そして出来るだけ目立つような行動をとって近寄るなと警告アピールをします。毒チョウ、毒ヘビ、毒トカゲ、ミノカサゴ、フグなどいろいろあります。スズメバチやミツバチも黄色と黒の鮮明な縞模様をもっていますね。

驚くことに、からだの模様を他から恐れられる危険な生物に似せている生物がいます。ある種のチョウは瞳孔、虹彩、眼の光までフクロウの眼にそっくりな偽眼をハネに描いています。フクロウは肉食ですから多くの小鳥は一目見ただけで恐怖感を感じて逃げ去ります。眼状紋（偽眼）といいます。チョウだけでなく、バッタ、カマキリ、甲虫にも眼状紋を持つものがいます。
一体どうしてチョウやバッタは、多くの小鳥がフクロウの眼を怖がることを知ったのでしょうか？　そしてカメラやコピー機もないのに、どのようにしてそっくりな偽眼を翅に描けたのでしょうか？　偶然の一致でしょうか？

6．食べ分けの不思議

東アフリカの草原に住む多くの草食動物は、エレファントグラスと呼ばれるイネ科の草を食べています。数百万頭の様々な草食動物が同じ草を食べているのに何故喧嘩にならないのでしょうか？
実は、シマウマは草の先端の柔らかい部分だけを食べて他は残します。トピは、先端に近い固い部分を、オグロヌーは、根元に近い柔らかい茎だけを、ガゼルは、地面に残った枯れた部分を食べるようです。同じエレファントグラスを、その部分によって食べ分けているのです。先に見つけた動物が全部その草を食べてもおかしくないのに、わざわざ部分によって食べ分けて、より多くの種が共存できるように、動物ごとの好みを振り分けているように見えます。誰が好みを振り分けたのでしょうか？

同様なことが、キリン、ゾウ、シロサイ、クロサイなどにもあるようです。昆虫類では、１つの種は１種類のエサしか食べない徹底した食べ分けをする例も多いようです。
また肉食動物でも、同じ地域では同じ動物をエサにしないような食べ分けがしばしば行われます。もちろん、手当り次第に何でも食べる雑食系もいるとは思いますが。

7．花の戦略

ほとんどの被子植物はきれいな花を咲かせます。虫や鳥に花粉の移動を託すためです。移動できない植物が、移動できる虫や鳥を利用して自らの花粉を遠方の同種植物まで運ばせ、子孫の多様性を狙っていると考えられます。
そのために、目立つようなキレイな花びらをつけ、虫や鳥の好きな香り物質を化学合成し、さらに甘い蜜まで製造します。頭脳を持たず、科学知識もないはずの「植物」がです！
どうしてそんなことが可能になったのでしょうか？
さらに、美味しい果物を作る被子植物も現われました。動物たちに果物を食べてもらい、一緒に食べたタネを糞と一緒に広範囲に散らすことで、生育地を拡げることができるようになりました。
一方、果肉を作らない被子植物の中には、風に乗って遠くまで運ばれたり、動物のからだに付着して移動したり様々な戦略をとるものがあります。高度な機械仕掛けで、自ら弾けて遠くへ飛んでいくものもあります。

8．共生

異なる生物の種が一緒に住んで互恵関係を維持することを共生と言います。イソギンチャクとクマノミという魚の関係は有名ですね。マメ科の植物とその根に住む根粒菌も共生関係です。どうやって相性を見分け信頼感を醸成できたのでしょうか？
身近な例ですが、人間の腸内細菌や皮膚表面に住む常在菌は、人間との共生の例です。人間を構成する細胞はおよそ60兆個ですが、共生する腸内細菌などは100兆個を超えると言われています。
また、人間の細胞の内部には、たくさんのミトコンドリアが共生しています。ミトコンドリア自身は独自のＤＮＡ（遺伝情報）を持っており、元々は別個の生物だったものが、いつかの時期から細胞に取込まれて、細胞内部でエネルギー生成を担う小器官として共生しています。
たまたまの偶然で共生関係が始まることはありそうですが、それが世代を超えて永続的に続くのは不思議な気がしますね。

［３－３］ 小さな変わり者

生物の中には、とても変わった不思議な生き物がいます。

１．不死身のクマムシ

クマムシはコケや土壌中に住む体調0.5mm前後のどこにでもいる小さな動物です。クマムシの一部は、150度のオーブンの中で耐え、－269度の液体ヘリウムの中でも耐えられます。その温度差は400度以上になります。また1000気圧の高圧でも、真空中でも耐えられ、またヒトの致死量の1000倍の放射線を6時間照射しても耐えられるようです。不死身の生物と言われています。

2．プラナリア

川や池など淡水にすむプラナリアは、体長2～3 cmの扁形動物で日本中どこにでもいます。切っても切っても再生可能な生き物として昔の理科の教科書にも載っていました。プラナリアの胴体をナイフで半分に切ると、頭側の半分からは、尾っぽ側の半身が生え、残りの方からは頭側の半身が生えて、それぞれが一人前の2匹になります。10個に切り分けても小さいながら10匹のプラナリアが再生します。頭部だけ縦にメスを入れると、頭部だけが2つの双頭のプラナリアになるようです。なお、プラナリアは、脳を持つもっとも古い生物と言われています。
トカゲやイモリなどは再生能力が高いことで良く知られていますが、プラナリアには敵わないでしょうね。

3．ハエトリグサ

米国ノースカロライナ州の湿地に自生する食虫植物「ハエトリグサ」は、植物とは思えないスピードで虫を捕獲します。一見花のように見える罠の中に虫が入ると、僅か0.1秒で罠を閉じて押し潰し、消化酵素を分泌して消化してしまいます。基本的に動けない植物の分際でどうしてそんなことが可能になったのでしょうか？　ダーウィン流の突然変異と適者生存だけではとても説明できそうにありません。

4．高性能グライダーのタネ

インドネシアやニューギニアに分布するツル植物「アルソミトラ」のタネは、高性能グライダーとして遠方まで飛翔します。僅か0.3gの超軽量ながら、戦略爆撃機のような後退翼を持ち、両翼の先端は反り上がり、重心の位置は最適な位置にあり、安定した飛行を可能にしています。
流体力学を熟知したエンジニアが設計したとしか思えない見事な出来栄えのようです。一体誰が設計したのでしょうか？

5．ウイルスの不思議

新型インフルエンザウイルス、エボラ出血熱ウイルスなどウイルスの脅威が報じられています。
ウイルスは現在5000種ほどが発見されていますが、未発見のウイルスも多くありそうです。そのサイズはとても小さく、多くの場合光学顕微鏡では見ることができません。
アレルギーの元になるハウスダストのサイズは約500マイクロメートル、スギ花粉約30マイクロメートル、結核菌約２マイクロメートルなどに比較して、ほとんどのウイルスのサイズは0.1マイクロメートル前後です。そしてその形状も、球形や正20面体など極めて幾何学的な形をしている変わり者です。

ウイルスは、生物なのか、非生物なのか、しばしば議論になります。現在ではウイルスは生物ではないと考えている科学者が多いようです。何故なら、ウイルスは代謝機能を持たず、単独では増殖できないからです。
ウイルスは、ＤＮＡなどの遺伝情報とそれを囲むタンパク質の殻だけで出来ています。言わば細胞の中の一番重要な遺伝子部分だけが独立したような姿であり、一つの部分品に過ぎないのです。
そしてウイルスは、他の生きた細胞に取り込まれると、その細胞の機能を巧みに利用して、自らの複製と増殖を繰り返していきます。言わば世界最小の寄生体と言えます。
この小さな物質が、他の生物を利用して自らの増殖を企むなんて、一体どうしてそんなことが可能になったのでしょうか？　不思議ですね。

なお、最近になって光学顕微鏡でも観察できる巨大なウイルスがいくつか発見されてきています。
一方、全てのウイルスが人間や生物に対して病原菌として危害を加えるわけではないようです。寄生体であるウイルスは、宿主の細胞と共存することで自らを増殖させるので、宿主を殺してしまったら自らも困るからです。
また、ウイルスと生物には様々な共通点があり、生物の進化にも深く関わっているようです。ウイルスはその起源をはじめとして謎に満ち溢れています。

６．変身する細胞性粘菌

人間は沢山の細胞からなる多細胞生物です。しかし生物の大元は、たったひとつの細胞、すなわち単細胞生物から始まりました。単独で暮らしていた個々の単細胞生物がどうして集合し、多細胞生物に変化したのでしょうか？　そのヒントになる生物が生きています。粘菌の仲間で「タマホコリカビ」と言います。
タマホコリカビは、普段は森の下や土の中で暮らす単細胞のアメーバですが、食物が無くなると数万個のアメーバが合体してナメクジのような形の多細胞体になります。合体しても個々の細胞は単細胞のときの形を保持するため、細胞性粘菌と呼ばれます。
ナメクジ状になった多細胞体は、光を求めてゆっくりと移動します。適当な場所に到着すると、キノコ状に立ち上がって子実体を形成し無数の胞子を作ります。放出された胞子が風に乗って周囲に散らばることで、タマホコリカビが増殖することになります。ただし条件が悪い場合は発芽せず、最適な条件が整うまでじっと休眠状態に入ります。タマホコリカビは、単細胞と多細胞体を繰り返して生きる変わり者です。つまり、細胞性粘菌は単細胞生物と多細胞生物の両方になることができ、動物と植物の両方の特徴を持つ不思議な生き物です。一体どのようにして全体の統率がとられているのでしょうか？

7．粘菌コンピュータ

同じ粘菌の仲間で「真正粘菌」はさらに不思議な生態をもっています。真正粘菌も胞子から発芽してアメーバになります。やがて２匹のアメーバが合体しますが、細胞分裂は起こさず核が２つになります。これを繰り返して、からだはどんどん大きくなりますが、一つの大きな細胞のからだの中に細胞核を沢山持つ「多核細胞」になります。大きなものは畳１畳ほどの巨大な単細胞生物になります。そして条件によって子実体を作り胞子を放出して増殖していきます。

真正粘菌は面白い性質を持っています。
例えば、真正粘菌を床に設置した迷路の中に置き、その迷路の端と端にえさを置くと、一旦は迷路全体に管を広げて餌を探し求め遂に餌にたどり着きます。しかし最終的には餌と餌の最短距離をつなぐ管のみを残し、それ以外の部分は衰退させてしまいます。すなわち真正粘菌にとって最も効率の良い最適な形を維持します。また、餌との道筋に光をあてると、粘菌は光のあたる部分がなるべく少なく、かつ粘菌全体の管の長さもなるべく短くなるような新たな経路を探します。

真正粘菌は、環境全体を把握し、かつ柔軟な発想に基づき最適な解決を図っているように見えます。脳も目も持たない単細胞の粘菌にどうしてそんなことが出来るのでしょうか？
なお、中垣俊之氏（北海道大学・電子科学研究所准教授）らによる真正粘菌の迷路問題研究は、2008年度および2010年度のイグノーベル賞を受賞しています。

実は現在のデジタルコンピュータは、迷路問題や巡回セールスマン問題などが極めて不得意です。多岐に渡る解答があり、かつ柔軟性を要求される問題はとても苦手なのです。
そこで粘菌の生態や機能を応用した「粘菌コンピュータ」が研究されています。条件が不確定で常に変動する状況での問題を解決したり、「自分自身が変形」してネットワークの最適経路を見つけ出すような、環境に自律的に適応するシステムの実現が期待されています。

8．バイオミメティクス

これまで見てきたように､生物はそれぞれ驚くようなしくみを持ち､様々な機能を発揮して生き抜こうとしています。脳や知性を持たない筈の植物や小動物でさえ、素晴らしい機能を身に着けています。
生物を良く良く観察してみると、21世紀の人間でさえ気づかぬ数々のアイデアが盛り込まれていることが多くあります。生物のもつ優れた機能や性質や形状を模倣し、新たな製品や材料の開発に応用することをバイオミメティクス（生物模倣技術）と呼んでいます。

バイオミメティクス自体の取組みは比較的古く、1950年代に始まったといわれています。衣服にくっつく野生ゴボウの実をヒントにしてつくられた面ファスナー（マジックテープ）や、蓮の葉が水をはじく性質を利用した撥水性塗料などは、初期のバイオミメティクス製品の代表例です。
今世紀に入り、実用的なバイオミメティクス製品が次々に開発されています。例えば、次のようなものです。

○光をほとんど反射しない､蛾の目の構造を模倣した無反射フィルム(モスアイ・フィルム)
○水中を高速で泳ぐマグロの皮膚の特性を模倣して開発された、水の抵抗が小さい船舶用塗料
○壁や天井を歩くことができるヤモリの脚をヒントにして開発された粘着テープ。ヤモリの脚の表面にはナノスケールの細かいヒダがあり、ヒダと壁の間に働く「ファンデルワールス力」によって、体を支えています。
○トンボを模倣して開発された飛行ロボット。トンボは、羽ばたいて飛行することも、羽を止めて滑空することもできます。あるときは高速で

移動、あるときは空中でホバリングし、瞬時にスピードや方向を変えられます。飛行時の騒音もほとんどなく、驚くほどの省エネ飛行を行っています。

21世紀に入った現代においてさえ、人間は植物や動物の構造や機能を模倣せざるを得ないくらい、生物の設計は極めて高度なのです。従来の突然変異や適者生存だけでこれらを説明するのは困難ではないのでしょうか？

第5章でこれらの不思議に関しての私の仮説をご紹介いたします。

[3－4] 生物とは何か？

1．生物は細胞でできている！

多種多様な生物がいますが、全ての生物は「細胞」でできています。細胞は生物の基本要素です。今では誰でも知っているそんなことが解ったのは19世紀前半のことです。
たった一つの細胞からなる生物を単細胞生物といいます。バクテリア、ラン藻、アメーバ、ゾウリムシなどです。
地球上に最初に現れたのは単純な単細胞生物でした。進化とともに多数の細胞が集まった多細胞生物が生まれ発展しました。私たちが目にする身近な動植物は、ほとんどが多細胞生物です。ちなみに人間のからだは60兆個あまりの細胞で構成されています。

細胞は、タンパク質や脂質や水などが複雑に組み合わされて出来ていますが、その基本材料は、水素（H）、炭素（C）、窒素（N）、酸素（O）、硫黄（S）、リン（P）です。
なお、平均的な細胞の大きさは、0.01mm程度であり、人でもアリでもゾウでもほぼ同じ大きさのようです。もちろん神経細胞などのように細胞の種類によっては例外的なサイズの細胞もあります。

２．細胞の内側は？

細胞は細胞膜と呼ばれる薄い膜で覆われています。そしてその内側には、たくさんの「細胞小器官」があります。細胞小器官にはいろいろな種類がありますが、代表的なものは、核、ミトコンドリア、葉緑体、リボソームなどです。
◎核はＤＮＡと呼ばれる遺伝物質を格納しています。
◎ミトコンドリアは細胞内に沢山あり、細胞の活動に必要なエネルギーを作る重要な細胞小器官です。
◎植物の細胞に含まれる葉緑体は、葉緑素（クロロフィル）によって光合成をおこないます。光合成によって、二酸化炭素と水から、有機化合物と酸素をつくります。
◎リボソームは、核の中のＤＮＡの情報に基づいて、様々なタンパク質を合成します。タンパク質は細胞自体の構成材料になります。

他にも様々な細胞小器官があり、細胞の生命活動に必要な働きを担っています。
細胞の構造や働きは極めて複雑であり、人間が細胞を一から創ることは不可能です。細胞はそれ自体が「小宇宙」なのです。一見、生命科学が進歩しているように感じられますが、それは天然の細胞を小改変し、いじり回しているのに過ぎません。天然の細胞がなかったら何もできないのが現実です。

３．生物の条件

多種多様な生物が生きていますが、それらに共通する「生物の条件」として、下記が挙げられます。単細胞生物も同様です。

摂食：　　必要な養分を体内に取り込む。

呼吸：　　酸素や炭酸ガスなどを吸入して化学反応を行う。
排泄：　　老廃物を体外に出す。
感受性：　環境の変化を察知する。
運動：　　環境に応じてからだの一部を動かす。
成長：　　成長期に成長し成熟する。
生殖：　　自己を複製して子孫を残す。

単細胞でさえ上記のような凄い機能を持っています。多細胞生物では、個々の細胞がそれぞれ専門化して機能を分担しています。

4．生物の誕生

（1）地球は今から約46億年前に誕生したと言われています。そして次第に原始大気と海洋が形成されました。海洋の一部分でアミノ酸などの低分子の化合物が生成され生物の基礎材料が次第に増加していきました。

（2）長い時間をかけてこれらの低分子化合物が組み合わされて高分子化合物が生まれ、それらを材料にしてＤＮＡ、ＲＮＡなどの生命基本物質が作られました。そしておよそ40～38億年前に最初の生物が誕生したようです。

（3）地球に最初に誕生した生物は「古細菌」の仲間と言われています。古細菌は海底の熱水噴出孔近辺で生まれたとの説があります。古細菌は光合成ではなく、水素やメタンなどの化学合成によってエネルギーを得ていました。当時は強力な宇宙線が絶えず降り注いでいたため、生物は地表には住めなかったようです。

（4）その後地球に磁力が発生して、磁気バリアで強力な宇宙線をブロックできるようになると、生物が海から地球表面に進出してきました。シアノバクテリア（ラン藻）など真正細菌の仲間です。シアノバクテリアは、葉緑素やＤＮＡを持ち、光合成によって炭酸同化作用を盛んに行い、二酸化炭素から有機物を合成して酸素の放出を続けました。それ以前の大気は炭酸ガスが主体でしたが、次第に酸素濃度が増加していきました。

（5）すると真正細菌の一部が、酸素を呼吸するバクテリアに進化しました。私たちの細胞の中にあるミトコンドリアの祖先です。このミトコンドリアの先祖が、細胞の中に入り込み、細胞と共生するようになりました。そして長い時間を経て多細胞生物に進化していきました。

なお分類上、生物はハッキリした核構造を持たない「原核生物」（古細菌と真正細菌）と、明確な核を持つ「真核生物」（人間や動植物などを構成する細胞）に大別されます。

5．生物の発展

その後およそ30億年の長い時間をかけてゆっくりとした変化を続け、およそ5億4000万年前頃のカンブリア紀に、多様な生物群が爆発的に現われ一大進化を遂げました。生物の「カンブリア爆発」と呼ばれています。
奇想天外、奇妙奇天烈な生物が多数出現しましたが、この時代に生まれた生物の機能は、現在生きている全ての動物たちの原型とみなせるほど様々な機能を持つようになりました。例えば、防御のために殻を持つようなったり、足を得て移動したり、眼を獲得してその生存能力を飛躍的に高めました。

その後、古生代に入ると魚類が台頭し、その一部が海から陸へも上がって両棲類が生まれ、また植物が陸上に進出し、昆虫の繁栄が始まりました。
次の中生代では爬虫類から恐竜が生まれて地上を闊歩し、また被子植物も生まれました。
約5000万年前、新生代に入ると哺乳類と鳥類が台頭してきました。そして約2500万年前に類人猿が現われ、その後人類の祖先が出現したのは、およそ700万年前頃のようです。

6．生物の特質

生物と非生物で大きく異なる点があります。
非生物は、時間の経過とともに次第に風化し、朽ちて崩壊していきます。長い時間で見ると高い山も雨、風、日照、地震、その他の自然作用によって次第に崩れて低くなり高低の差が小さくなっていきます。すなわち変化のある状態から変化のない状態へ、秩序のある状態から無秩序の状態へ進行していくのが自然の法則です。これを「熱力学の法則」と呼んでいます。

しかし生物は、誕生後成長し、活動し、周囲に影響を及ぼし、巣や集団を作るなどして秩序を構築します。生物が死ぬと、個体は朽ちて崩壊してしまいますが、子孫の生命体が生きている間は秩序を作り続け、自然の法則に逆らうように見えます。非生物は次第に崩壊し、生物はそれに抗して成長し、繁栄し、周囲の環境を変えていきます。この点が生物と非生物で大きく異なります。

7．生き物の不思議

（1）私たちの髪の毛や爪は絶えず伸び、皮膚も絶えず内側から新しい皮膚が成長して古い皮膚と置き換わっています。新陳代謝といいますね。からだの表面だけでなく内側も、絶えず古い部品から新しい部品に置き換わり、活発に新陳代謝が行われています。実は固い骨も絶えず作り変えられています。骨の中では、破骨細胞と骨芽細胞が絶えず活動しています。破骨細胞は骨の中の古くなった組織を次々と壊し、骨芽細胞がそれらを順次再構築して新しくしています。内臓や血管も同様に新陳代謝によって絶えず新しく作り変えられています。
からだは、いつもピッカピカの真新しい状態が維持されるように設計されています。何故そこまでしているのでしょうか？

（2）もっと不思議なことがあります。
この新陳代謝は、器官や細胞やタンパク質レベルではなく、更に細かい「原子」のレベルでも絶えず置き換わっていることが判っています。
アミノ酸はタンパク質の基本構成要素です。タンパク質は身体の構成要素であり、約10万種類もありますが、それらは僅か20種類のアミノ酸の組合せでできています。

（3）ドイツ生まれのルドルフ・シェーンハイマー（1898～1941）は、実験ネズミの餌の中に、追跡可能な窒素原子（放射性同位元素）を含むアミノ酸を混ぜて与えました。3日間の投与後にネズミを調べると、尿などで体外に排泄されたのは30%のみで、残りの70%は体内に残留しました。そして56%はタンパク質としてからだの構成要素になっていました。そして全身のありとあらゆる場所に取り込まれ分散していました。

（4）このことは、餌として与えたアミノ酸は、体内でいったん細かく分解され、あらためて新しいアミノ酸を新生して、それらを組合わせて様々なタンパク質を合成し、古いタンパク質と置き換わっていることを意味しています。しかも日単位、月単位という超高速で、全身の原子が置き換わっていることになります。

（5）私たちのからだは食事によって、絶えず原子レベルで、かつ超高速で新陳代謝を行っているのです。信じ難いですね！
私たちのからだは、見た目では大きな変化が見えなくても、実は身体の内側は、細胞レベル、タンパク質レベル、原子レベルで絶えず新しいものと置き換わっています。
1年後には、ほとんどの原子が置き換わって元の原子は既に体外に排出されていることになります。物質だけで考えると別人になっているのです。生命体を物質だけで見るのは、生物の本質を見ていないことに気付きますね。

（6）どうしてそこまでやっているのか？
生命体の構造が複雑になればなるほど、それを維持するのは大変になります。複雑で大きなものは、崩壊して単純で小さなものへと移行する自然作用が働きます。（前述の「熱力学の法則」です。）　活性酸素などによる酸化作用、宇宙線による破損、その他もろもろの崩壊作用が働きます。
生命体は、部品が壊れてそれが蓄積され致命的になる前に、全ての要素を絶えず新しい状態に維持することによって崩壊作用に抗していると考えられます。そのためにエネルギーを使っています。
一体誰が考え、どのような仕組みで全体の置き換えをコントロールしているのでしょうか？

＜蛇足＞

様々な健康補助食品がＰＲされています。酵素が健康に良い、コラーゲン、グルコサミン、コンドロイチン、ヒアルロン酸がお肌その他に良い・・・。
酵素は体の中の生体反応を進めるのに不可欠ですが、酵素はタンパク質でできています。他の動植物の酵素を摂取しても、それがそのまま人間のからだの中で酵素として働くわけではありません。消化器官ですべて分解されてアミノ酸になり、さらに細かい分子にまで分解されて一から再構成されます。そしてアミノ酸が再合成され、さらにタンパク質が再合成されるので、それらは元の補助食品の成分・機能とは無関係になります。
例えば、植物や動物の酵素を口から摂取しても、それが人間のからだの中で同じ酵素になるわけではありません。酵素に限らずタンパク質で出来ているものはすべて同様です。
20種類のアミノ酸の原料さえ不足しなければ、高価な健康補助食品でも、安価な卵や大豆製品でも基本的に機能の差はない筈ですね。

［3－5］ ＤＮＡと遺伝

1．ＤＮＡとは何か？

最近では「ＤＮＡ」という言葉がよく使われてすっかり市民権を得ています。簡単に言えば、ＤＮＡは「生物の設計書」です。設計書ですから文字がたくさん書かれています。文字は４種類しかありません。A、T、G、Cという略号の４文字です。この４文字がずらりと並んでいるだけですから暗号文と言ってよいと思います。
細胞の中ではこのＤＮＡの文字の組み合わせを解読しながら生物の部品が形作られていきます。なお、「ＤＮＡ」は化学物質の一種であり、「デオキシリボ核酸」の英語略称です。

2．ＤＮＡは何処にあるの？

ＤＮＡは各細胞の「核」の中にあります。人間の場合、およそ60兆個の細胞から構成されています。60兆個の全ての細胞の「核」の中に全く同じＤＮＡが格納されています。何故なら、もともとはたった１個の受精卵が分裂して60兆個に増えたからです。最初の受精卵のＤＮＡが、分裂の都度次々とコピーされて個々の細胞核の中に同じものが納まっているのです。

＜補足＞

人間を形づくる細胞は270種類以上あり、種類によって形状も機能も全く異なっています。細胞の種類が異なってもＤＮＡは全て同一です。ＤＮＡは全ての細胞を形作る情報を持っているのです。ただ細胞の種類によってＤＮＡの中のどの部分の情報を使用するのかが異なるだけです。

なお、一般的にＤＮＡは生物の「設計図」と説明されていますが、図面は一切描かれていません。実際には４種類の文字の羅列だけですので、ここでは生物の「設計書」と記述しています。

３．ＤＮＡの形状は？

ＤＮＡは細長い鎖状の形をしています。１つの細胞のＤＮＡを引き延ばすと２ｍほどになるそうですが、実際には染色体と呼ばれる46本の鎖に分割されて、細胞核の中に小さく折り畳まれています。
ＤＮＡを少し伸ばして拡大して見ると、縄ハシゴの形状に似ています。長い縦の２本の縄の間に、段に相当する横の短い縄が一定間隔で張られています。この横の短い縄が４種類あり、４種類の文字（Ａ、Ｔ、Ｇ、Ｃ）に相当します。この構造は1953年にジェームズ・ワトソン（1928～：米国）とフランシス・クリック（1916～2004：英国）によって発見され、一般的には「ＤＮＡの二重らせん構造」と呼ばれています。実際には縄ハシゴが螺旋状に捻れているからです。

４．ＤＮＡには何が書かれているの？

ＤＮＡは「生物の設計書」ですから、生物を形作る部品情報などが書かれています。例えば、筋肉、皮膚、骨、神経、内臓、毛などの設計情報が記録されています。実際にはこれらは約10万種類の「タンパク質」の組み合わせでできています。そしてタンパク質は20種類のアミノ酸が、50～2000個ほど数珠つなぎに結合して構成されています。

したがってＤＮＡは、アミノ酸の結合順序を指示することによって、どんなに複雑なタンパク質の合成でも指示することができます。ＤＮＡに基づいてタンパク質の部品が出来ると、それらが集積して器官や内臓などができ、からだができます。
ＤＮＡによって各個体の外観や大きさなども決まり、身体能力も決まってきます。病気への罹り難さやお酒の強さなどにもＤＮＡが影響しています。

それだけではありません。ＤＮＡには、性格や心のタイプなどに関係する因子も記述されているようです。そしてこれらは全て４文字（Ａ、Ｔ、Ｇ、Ｃ）の組合せで記述されています。

５．ＤＮＡの役割

ＤＮＡの役割の一番目は、先ず生物を形作るための基本情報を記録、保持することです。そして生物が死んでも種を永遠に残すために、子孫に基本情報を伝達していくことがＤＮＡの２番目の役割です。
ＤＮＡの３番目の役割があります。それは様々な環境変化に適応できるように、ＤＮＡ自身が少しずつ変化して種に多様性を持たせることです。そのためにＤＮＡには極めて巧妙な工夫がなされています。
多細胞生物は、親と全く同じ遺伝子ではなく、大部分は同じでも、細かい部分が微妙に異なる遺伝子を子に伝達できるような見事な仕組みが組み込まれています。
何故なら、親と全く同じ遺伝子が子孫に永遠に受け継がれると、環境の激変が発生した場合に対応できなくなり全滅する可能性があります。逆に僅かずつでも異なる部分を持つ多様性の大きい生物ほど生き残れる可能性が高まります。
実際に長い生物史の中で大部分の生物は絶滅し、今現存している生物はその僅かな生き残り達の子孫です。

また有性生殖では、母親の卵子と父親の精子の遺伝子が組み合わされます。子の遺伝子は両親のどちらとも少しずつ異なり、結果的に多様性を持ったものになります。仮に環境の激変が発生して99%が死に絶えても、１%が新環境に適応できて生き残れば、種が存続できることになります。遺伝子に多様性を持たせる仕組みが、生物の進化を推し進めてきたと言って良いと思います。

６．ＤＮＡと遺伝子の関係は？

ＤＮＡの文字の並び順が「遺伝情報」を表現します。ＤＮＡ上の複数の文字が集まって１つの遺伝情報を表現し、それを「遺伝子」と呼んでいます。遺伝子は遺伝情報の単位です。そして複数の遺伝子が集まって個体の形態や特徴を表していきます。
具体的に言うと、例えばタンパク質を合成する際、ＤＮＡの中の３文字が１種類のアミノ酸を指定します。次の３文字が別のアミノ酸を指定します。３文字ずつの区切りで次々と様々なアミノ酸を指定して最終的に目的のタンパク質の合成を指示することになります。これらの３文字ずつの並びの集合が遺伝子と呼ばれています。
換言すれば、ＤＮＡに書かれた沢山の文字列の中で、ひとつの機能や意味に対応する文字の集合の単位を遺伝子と呼んでいます。
なお、ＤＮＡに記録された全ての遺伝情報の総体を「ゲノム」と呼ぶことがあります。
すべての生物（人間、動物、植物、単細胞生物など）は、多くの「遺伝子」を持っています。人間の「遺伝子」は約22,000個あると言われています。そして複数の遺伝子が関連し合って生物の形態や特徴が表われます。

＜蛇足＞

世間ではしばしば「ＤＮＡ」と「遺伝子」は同じ意味合いで使われていることがあります。しかし本来のＤＮＡとは化学物質の略称であり、記録媒体の名前です。そこに記録された一つ一つの情報単位のことを遺伝子といいます。遺伝子全体を遺伝情報といいます。
別な表現をすれば、ＤＮＡは入れ物としてのハードウェアであり、遺伝子はそこに入っている情報でありソフトウェアであると言えます。
しばしば「ＤＮＡと遺伝子」は、「ＣＤと音楽」の関係に喩えられます。ＣＤ（ＤＮＡに相当）に書き込まれた音符に対応する記録情報が遺伝子に相当し、それらから実際に音を発生させることで音楽（遺伝情報に相当）が再生されます。

7．遺伝子とからだ

米国のビクター・マキュージック教授（1921～2008）によって、人間の遺伝子情報をまとめた「遺伝子カタログ」が発表されています。それによると、からだの特徴に関係する遺伝子は実にたくさんあります。
例えば、身長に関する遺伝子は807個、肌の色122個、鼻の形68個、まぶたの形124個，近視266個、味覚81個などです。ひとつの遺伝子がひとつの特徴に直結するのでなく、複数の遺伝子の総合作用によってからだの特徴が決まることが多いようです。

8．遺伝子と性格

人間や動物には性格や心のタイプがあります。温和な性格、攻撃的な性格、まじめな性格、周囲に馴染まない性格、浮気性など様々な性格があります。性格や心のタイプに関しても遺伝子が関与するようです。そしてこの場合も複数の遺伝子によって影響を受けるようです。
例えば、抑うつ症に関する遺伝子は298個あり、自閉症180個、不安障害63個、パニック障害31個、攻撃性122個などのようです。これらは、ホルモン（ドーパミン、メラトニン、セロトニンなど）の分泌に関係します。
一卵性双生児の研究などから、人間の性格のおよそ２／３に対して遺伝子が関与することが判ってきています。

9．ＤＮＡの不思議

ＤＮＡに関しても解からないことが沢山あります。

（1）ＤＮＡの解読

ヒトのＤＮＡは「ヒトゲノム計画」によって既に10年以上前に解読されています。また、チンパンジー、ニワトリ、マウス、トリ、フグ、イネなど様々な動植物のＤＮＡが続々と解読されています。
しかし解読といっても、ＤＮＡの４文字の並びが解った段階であり、その意味や機能が全部解明されたわけではありません。部分的に機能の推定はできても、遺伝子の暗号が全部解けたわけではないのです。

（2）遺伝子のONとOFF

60兆個の人間の細胞は、全て同じＤＮＡを持っているのに、個々の細胞は、筋肉、皮膚、骨、神経、内臓、毛など様々な細胞に分化していきます。これらの細胞の種類は270種類以上あります。何故、同じＤＮＡを持っているのに機能も形も異なる多種類の細胞に分化していくのでしょうか？

普段は、細胞の中の遺伝子はほとんどが眠っており、いわばスイッチOFFの状態になっています。すなわち遺伝子の機能が発現されません。個々の細胞ごとに、ＤＮＡの中のどの遺伝子を、どのような条件、タイミングでONにして機能を発現し、いつOFFにするのかが巧みにコントロールされているようです。そのための情報は一体どこにあるのでしょうか？　そして、そのコントロールのしくみも、ほとんど解っていないのが現状です。

（3）遺伝子のためのマニュアル

電気製品でも機械製品でも、設計書だけでは物づくりはできません。製造マニュアル、保守マニュアル、操作マニュアル（取扱説明書）なども ないと製品を正しく製作し維持することができません。細胞の場合それらは一体どこに書かれているのでしょうか？
ＤＮＡの設計書には、極めて簡略化された必要最小限の文字しか書き込まれていません。これらの文字は、設計書や説明文書というよりは、単なる「目次」や「標識」程度のとても簡素な情報といった方が近いように思えます。これだけで極めて複雑な生物を製造、維持するのは無理ではないかと私は考えています。

＜補足＞

人のＤＮＡは、約30億個の文字から構成されています。これは約750メガバイトに相当しますから、音楽ＣＤ僅か１枚分の情報量です。これだけで60兆個の細胞からなる人体を作っていくのです。桁違いに情報量が不足していると思われます。
遺伝子のONとOFFに関する制御情報はどこにあるのでしょうか？製造マニュアル、保守マニュアル、操作マニュアルに相当する膨大な情報が全てＤＮＡに書き込まれているのでしょうか？　いや、そうとは思えません。これらは、いったい何処にあるのでしょうか？

（4）ニワトリが先か卵が先か？

一番初めの生物発生は、ＤＮＡが先か、タンパク質が先か、という問題もあります。ＤＮＡの設計書に基づいてタンパク質が合成されて様々な細胞が生まれます。
一方、タンパク質がなければ、ＤＮＡは自らのコピーを作成して新しい細胞を作ることもできないのです。どちらが先に発生したのでしょうか？

（5）ＤＮＡは単なる化学物質に過ぎない！

もっと根本的な難問があります。ＤＮＡは生命体にとって極めて重要な遺伝基本情報を担っています。しかしＤＮＡ自身は単なる化学物質ですから、仮にＤＮＡを細胞の外に取り出してしまえば、それ自身が主体的に動き出すことはありません。ＤＮＡは細胞の中にあってこそ働きが生じます。
それでは、ＤＮＡ情報に基づいて細胞を作り、栄養を吸収し、排泄し、細胞固有の機能を果たし、動き、増殖を行わせる主役は一体誰なのでしょうか？　肝心なことが解かっていないのです。

（6）地球外生命体の遺伝スタイルは？

今まで地球で発見されてきた生物はすべて、同じＤＮＡ形式をとっています。細菌でも昆虫でも魚類でも人間でも、全てＡ、Ｔ、Ｇ、Ｃという４文字でＤＮＡが構成されています。文字列の長さや組み合わせが違うだけです。そもそも何故このＡ、Ｔ、Ｇ、Ｃという４文字が採用されているのでしょうか？
将来、他の惑星や衛星で生命体が見つかった場合、それらは地球と同じＤＮＡスタイルなのでしょうか？　それとも全く異なるシステムで遺伝情報を伝達する生命体もあるのでしょうか？

ＤＮＡと遺伝に関する不思議は尽きません。
ＤＮＡや遺伝子を調べれば調べるほど、その巧妙さに驚愕します。人智の及ぶ範囲をはるかに超えていると考えるのは多分私だけではないと思います。

［３－６］　進化論の流れ

ここまで驚くほど多様な生物を眺めてきました。そして生物の様々な不思議を見てきました。どのように考えたら不思議を解くことができるのでしょうか？
その一つと見做されているのが進化論です。

永い間、全ての生物は神によって創られたと考えられていました。神の創造説です。そして19世紀以降、「進化論」が発達してきました。
進化論というとチャールズ・ダーウィン（1809～1882：英国）を思い浮かべる方が多いと思います。確かに「ダーウィンの進化論」は、生物が進化していることを科学的に論じて、進化論の発端を拓き大きな功績を残しました。そして進化論によって生物の多様性が説明できるようになってきました。しかしダーウィンの進化論で説明できないことも多々あります。

これまでに多くの研究者によって実に沢山の進化論が提案されており、まさに百花繚乱状態、まだ発展を続けている最中なのです。特に、ここ10数年、遺伝子科学や分子生物学の発達で新しい知見が拡がっています。しかし、進化の謎は深く、現在においても究極の進化論には至っていません。
以降、進化論の流れと要点を概観していきます。

1．ダーウィン以前の進化論

「ダーウィン」以前にも進化論の芽生えがいくつかありました。その中から「ラマルク」の進化論に触れます。
ジャン・バティスト・ラマルク（1744～1829：フランス）は、良く使われる器官ほど発達して大きくなり、逆に使われない器官は退化して小さくなると考えました。「用不用説」です。
キリンは高い木の葉を食べようとして次第に首が長くなってきた、そしてモグラや深海魚の目は使われないために退化したと説明します。
そして「用不用説」によって変化した機能は子孫に遺伝すると考えました。

2．ダーウィンの進化論

チャールズ・ダーウィンが1859年に出版した「種の起源」によって、進化論が大変な脚光を浴びることになりました。それまでは聖書に書かれているとおり、全ての生物は神によって一度に創造され、そして人間は神に似せて創造された魂を持つ特別な存在であると考えられていました。
ダーウィンの進化論を超要約すると、全ての生物には共通の祖先がいて、その祖先から長い時間をかけて少しずつ変化し枝分かれして、現在の多様な生物の繁栄に至ったというものです。その骨子は：

◎　生物には自然に変種が現われる。（突然変異）
◎　変種は生存競争と自然淘汰によって次世代に受け継がれるかどうかが選択される。（適者生存）

「種の起源」では、飼育栽培における変種、自然のもとでの変種、生存競争、自然選択、地質学的遷移、変異の法則など、当時の様々なデータを基にして結論を導いています。
ダーウィンの進化論は宗教界の反発を受けながらも、様々な幸運も味方して、途中で潰されることもなく現在にまで生き延びています。そしていくつか問題点があるものの進化論の源流として認められています。
なお、ダーウィンの「突然変異」は、無作為かつランダムに変異が起きるというものです。すなわち、生物はランダムに変異を繰り返し、たまたま環境変化に適し他を圧倒できた種が繁栄し、数億年かけて現在見られるような多様性が実現したという考えです。

3．ダーウィン以後の進化論

多様な生物や様々な現象の中には、ダーウィンの進化論で説明できないものも沢山あります。それらを踏まえて様々な進化論が発表され、またいくつかの重要な発見が行われました。その中の主なものだけ簡単に触れてみます。

（1）メンデルの遺伝の法則

グレゴール・メンデル（1822～1884：オーストリア）は、エンドウマメの膨大な交配実験から「メンデルの法則」を発表しました。すなわち、両親から受け継いだ２つの遺伝因子の組み合わせによって子の遺伝形質が決まり、その際、優性遺伝因子が劣性遺伝因子に対してより多く遺伝するというものです。

（2）突然変異の発見

ユーゴー・ド・フリース（1848～1935：オランダ）は、オオマツヨイグサを栽培している過程で突然変異が起きることがあり、それが遺伝することを発見しました。

（3）遺伝子の発見

トーマス・ハート・モーガン（1866～1945：米国）は、遺伝子は細胞の中にある染色体に含まれていることを1915年に実証しました。そして1953年ワトソンとクリックによって、遺伝子の具体的構造すなわちＤＮＡの存在が初めて明らかにされました。
進化とは、ＤＮＡが変化してそれが子孫に受け継がれることであり、これ以降、ＤＮＡの変化を中心にして進化が論じられるようになりました。

（4）細胞内共生説

生物の最小単位である細胞の中には１個の「核」があり、核の中にＤＮＡが保護されて存在し、次世代に遺伝していきます。一方、細胞の中の小器官である葉緑体やミトコンドリアの中にも、核とは別に個別のＤＮＡが存在することが1962年に発見されました。
これらの事実を体系化して、1967年米国の女性科学者マーグリス（1938～2011）は、「細胞内共生説」を発表しました。ミトコンドリアと葉緑体は、太古の昔は独立した単細胞生物（原核細胞）だったが、あるとき別の細胞に寄生して共生するようになったというものです。寄生された細胞は真核細胞へ進化して機能と性能を飛躍的に高めていきました。そして植物や動物などの多細胞生物に進化していきました。

（5）ドーキンスの利己的遺伝子説

ダーウィンの進化論では、生物は生存競争に勝ち残り、自分自身の子孫を増やしていくことが進化の原動力であると捉えています。ところがダーウィンの進化論では説明できない現象もいろいろあります。生物によっては自己犠牲的な行動や、利他的な行動をとる例が沢山あります。例えば、キツネに狙われたヒバリの母親は子供のヒナを助けるために、けがをしたフリをしてキツネの注意を自分に向けさせます。自らを危険に晒してでも子供を救う行動をとります。また、ミツバチの働きバチは子供をいっさい作らず一生を集団のために働き通します。また生物によっては自分の子供を自ら殺すこともあります。

リチャード・ドーキンス（英国）は1976年、「利己的遺伝子説」を発表し世界中にセンセーションを巻き起こしました。個体でなくＤＮＡ自身が生き延びることが生命の最大の目標であり、そのために個々の個体が死んでも、あるいは他の個体をサポートしてでも、ひたすら自身のＤＮＡを増やそうとするという説です。すなわち、遺伝子は極めて利己的であり、生物は遺伝子であるＤＮＡの乗り物に過ぎないというのです。なるほど生物の自己犠牲的な行動や利他的な行動や子殺しを説明できます。しかし反論や批判も多く出されています。

＜補足＞

私たちの体の中では日常的にＤＮＡの変異が起きています。ＤＮＡの変異は複数の原因で起きます。宇宙線、放射線、活性酸素、化学物質、敢えて変異を促す仕組みなど様々ありますが、その中で頻度の大きいものはＤＮＡを複製する際のコピーミスによるもののようです。

ＤＮＡのコピーミスは、生殖細胞のＤＮＡ１文字に対して、１年で約10億分の５の確率と計算されています。ヒトのＤＮＡには約30億文字が含まれるので、１つのＤＮＡに１年あたり15個程度の変異が起きている計算になります。決して少なくありませんね。
一方、変異したＤＮＡを自動修復する機能も備わっています。ＤＮＡポリメラーゼなどが自動的に修復を行いますがうまく修復できない場合もあります。
いずれにしてもＤＮＡの変異は、生物を進化させてきた原動力であると考えられています。

４．日本人による進化論

進化論には多くの日本人が関わり重要な貢献がなされています。日本人が提唱した主な進化論だけでも次のようなものがあります。

（１）今西進化論

今西錦司（1902～1992）は、ダーウィン進化論の進化の単位は「個体」と考えているのに対して、「種」が進化の単位であるととらえて、「種」は変わるべきときがきたら変わるというマクロ的な考え方を唱えています。

（２）木村資生の中立進化論

木村資生（1924～1994）は、突然変異の大部分は生物にとって有利でも不利でもない中立的な変異であり、生物にとって有利な変異は無視できるほど少ないと考えました。したがって生物の進化も、その多くは適者生存による自然淘汰で起きるのではなく、むしろ中立的な変異の中で、たまたま幸運な変異が偶然拡がって定着することによって進化が生まれると主張しています。この説は現在のところ多くの科学者の支持を得ているようです。

（3）ウイルス進化説

中原英臣と佐川峻は1971年、「ウイルス進化説」を提唱しました。生物の設計書である遺伝子が変化することにより進化が起こりますが、ほとんどの進化論では遺伝子の変化は突然変異によって起こると考えています。これに対して、ウイルスが遺伝子を変化させることによって進化が起きるというのが「ウイルス進化説」です。
現在では遺伝子組換え技術が発達して、ある生物の遺伝子に別の生物の遺伝子を組み込むことで品種改良などを行っています。その際、人為的にウイルスを運び屋として利用して遺伝子を組み替えています。この遺伝子組換えが自然界でも起きると考えるのがウイルス進化説です。
ダーウィンの進化論以降、遺伝子は親から子にしか伝わらないと考えられてきましたが、ウイルス進化説では、個体から個体へ水平的にも移動し得ると考えます。ウイルスの感染は親子に限らないからです。さらに同じ種同士に限定する必要もなく、例えば、鳥からブタへ、ブタから人へなど異なる種の間でも遺伝子が運ばれます。ウイルスは遺伝子の運び屋でもあると考えているのです。ただし、他の進化論と同様に、ウイルス進化説にも様々な批判、反論があります。

（4）不均衡進化論

古澤満によって1988年に提唱された「不均衡進化論」は生物の多様性の謎を説明できる重要な理論です。
ダーウィン説のように、突然変異が無作為にランダムに起こるのであれば、変異率はほぼ一定なので時代によって大きく変化しない筈です。ところがこれではカンブリア紀の生物の大爆発が説明できません。また隕石の落下や氷河期など環境の劇的な変化に遭遇した際に、変異率が平常より大きくならなければ、これほど多くの生物が生き延びてこられなかったと考えられています。

突然変異の変異率は一定ではなく、状況によって変化すると考え、その仕組みをＤＮＡの複製メカニズムの不均衡にあるとするのが古澤満の「不均衡進化論」です。

なお、日本人の進化論として他に、浅間一男の成長遅滞説や大野乾の遺伝子重複説などもあります。

<補足>

古澤満の「不均衡進化論」は進化論における重要なポイントを見事に捉えていますので少々補足します。

「ポイント１」
細胞が分裂して２つの細胞に分かれる場合、元のＤＮＡが複製されて２つのＤＮＡが生じます。今までは２つのどちら側にも全く同じ遺伝情報が伝えられると考えられていました。ところが、１つのＤＮＡには元のＤＮＡがそのままの形で保存されますが、もう１つではＤＮＡに変異が起き易いように複製方法を変えていることが解かりました。一方だけ敢えて複雑な複製方法をとって、エラーの起き易い、すなわち変異の起き易い複製方法が取られているのです。

「ポイント２」
変異が起き易い側のＤＮＡの変異率は可変であることが解かりました。酵素の働きを制御することで変異率が変化するため、生物が自分で変異率を変える事が可能になっているのです。

細胞分裂の際、この２つの作用によって、親と同じ細胞と、親と若干異なる細胞の２つが生まれ易くなり、多様性が生じることになります。もし親と異なる方の細胞に問題があれば自然に消え去り、親と同じ細胞が存続することになります。すなわち安全パイを残したままで多様性を作り、環境変化への適合を試すことが出来るように巧妙に仕組まれています。

したがって下記が可能になります。
◎生物の今の形態が環境に適合している間は低い変異率で推移して敢えて大きな変化はしない。
◎環境が激変した場合は高い変異率で推移して、様々な変種を増やして適合可能性を高める。

一体誰がこんなに巧妙な仕組みを考えたのでしょうか？
私には偶然とは思えません。
なお、変異率をどのようにして変異させるのか、その仕組みは解かっていません。

5．進化論の論点

以上のように様々な進化論を概観してきましたが、全て仮説であり、どの進化論も問題点を内在しており総括的かつ完全な進化論はまだありません。
進化論は、生命の不思議を読み解くうえで極めて重要です。そして進化論を論ずる上で、大きな論点があります。

（1）進化は偶然の結果か？　それとも必然か？

ダーウィンの進化論では、偶然の突然変異によって発生した変種が、生存競争と自然淘汰によって選択され遺伝すると考えています。（適者生存）
一方、偶然ではなく、ある目的に沿って進化すると考える進化論もあります。ラマルクの「用不用説」もその一つです。他にセオドア・アイマー（1843～1898：ドイツ）の「定向進化説」、今西錦司の「今西進化論」

なども同様です。

（2）進化の単位は個体か？　それとも種か？

ダーウィンの進化論では、突然変異によって個体が変化し、それが徐々に種の中に拡がっていくと考えます。そしてその拡がりのメカニズムの説明に苦労しています。
一方、今西進化論では、個体ではなく種が変化すると考えています。

（3）協調と共生

ダーウィンの進化論では、生存競争すなわち適者が非適者を打ち負かし、競争を勝ち抜いたものが生命を次世代に引き継ぐとしています。
しかし実際には、種の中の競争や、種と種の間の生存競争の例は多くはないようです。むしろお互いに協調し、助け合いをし、共に住み分けをして共生、共存している例の方が多くみられます。既に第３章[３－２]６．食べ分けの不思議、８．共生　で一部の例を挙げました。
種の中の協調ならまだしも、異なる種間でも協調・共生が多数行われているのです。しかしそのメカニズムは解かっていません。

（4）進化の速度が時代によって異なるのは何故か？

ダーウィンの「突然変異」は、無作為かつランダムに変異が起きるというのですから、時代によって変わらず、いつも同じ程度のＤＮＡの変異率の筈です。しかしカンブリア大爆発のように、ある時期に極めて高い変異が発生するのは何故なのか説明できません。
既に述べたように古澤満の「不均衡進化論」は、ＤＮＡの複製メカニズムの不均衡を提起してこれを見事に説明しています。しかし変異率を制御する具体的な仕組みは解かっていません。

<私見>

遺伝子の変化は、偶然の突然変異だけで起きるのではないことが判ってきました。飢餓状態に置かれた細胞が頻繁に遺伝子を改変する事例が実際に見つかっています。環境によって遺伝子の変化が促進されるのです。これは古澤満の「不均衡進化論」を裏付けていると私は思っています。

私は、生物の進化は物質レベルの単純で機械的な法則だけで進化してきたのではないと考えています。ダーウィンやその他の進化論もそれぞれ一面を捉えていると思いますが、様々な要因が絡み合って複雑に進化してきたと考えています。
基本的には、偶然の突然変異だけではなく、ある目的に沿って進化を模索してきたと考えています。その目的のひとつは、何としても「生き延びる」ことです。生き延び、子孫に引き継ぐために、その環境下で生物にできる最大限の努力をし、さらに能動的に変化を模索し積み重ねることです。努力が実った場合、その生物はより良き方向へ変化し、進化して生き延びます。
生物は、ＤＮＡや細胞など物質だけで構成されるのではなく、眼には見えない情報そして意志を伴っていると私は考えています。そう考えないとこれまで述べてきた膨大な不思議がほとんど解消されないのです。
ＤＮＡや遺伝子は、極めて単純化され要約された物質レベルの遺伝情報ですが、その背後に見えない情報（言わば生命情報）がリンクしていると考えます。そしてこの情報が、日常の細胞分裂や成長を実質的に制御し、また環境や個別状況の変化に適宜対応します。もし環境の激変が起きた時は、生命情報が総動員されて、あらゆる観点から変化・進化を模索すると考えています。
具体的には第５章「宇宙のしくみ」で私の仮説としてご紹介いたします。

第３章「生物の不思議」はここまでに留めたいと思います。生物の世界は、宇宙やミクロの世界に比べても不思議がさらに満ち満ちています。一言で言えば、現状の科学は生物の実体を調査している段階であり、生物の本質にはほとんど迫れていないと言って良いと思います。

次は第４章に進みます。
第４章では、「いのちの不思議」を眺めていきます。

第４章　いのちの不思議

［４－１］ 人間の不思議

１．人間のルーツは？

第３章でみてきたように、生物はそれぞれ驚異的な能力を持ち、様々な不思議に満ちています。そして私たち人間はさらに不思議に満ち溢れています。

人間は、生物学的には「ヒト」、学名は「ホモ・サピエンス」と呼ばれています。知恵のあるヒトの意味です。言語や技術や文化など他の生物にない際立った特性を有しています。
現在地球上に住んでいる現生人類は、たとえ肌や髪の色は異なっても互いに生殖が可能であり、全て「同一種」ということになります。しかしこれは不思議なことです。サルでも犬でも動物には様々な「種」がありますが、「ヒト」だけは何故たった１種しか存在しないのでしょうか？
ヒトは熱帯地方から酷寒の地、乾燥地帯、水上など世界中あらゆる場所、あらゆる環境で生活しているのに、なぜ複数の「種」に分かれなかったのでしょうか？

ヒトの赤ちゃんは母親のお腹のなかで38億年の生命の歴史を体験すると言われています。子宮の中の胎児は、成長の過程とともに変身していきます。受精卵からスタートして、途中で首のあたりに魚のエラのような組織が現われ、暫くすると消えて今度はお尻の近くに尻尾のようなものが現われ、そして小さくなりその後、手は水かきのようなものから次第に水かきが消えて、５本の指に分かれていきます。胎児の成長に伴って、魚類、両棲類、爬虫類を経て、哺乳類に変化していく途中経過を辿っている名残りのように見えます。

人間は哺乳類のサルの仲間から枝分かれし進化してきたと言われています。化石で有名なジャワ原人、北京原人から、比較的新しいネアンデルタール人、クロマニョン人などを含めて、様々な猿人、原人、旧人、新人などの化石が発掘されています。しかしこれらは全て絶滅しており、生き残っているのは現生人類ただ１種のみということになります。
現生人類がどのような祖先から始まり、どのように枝分かれして進化してきたのか諸説がありますが、今のところ誰もが認める定説はありません。人間のルーツと進化の過程はまだ良く分かっていないのです。

人間は万物の霊長とも言われます。様々な生物の中で、もっとも人間に近いのは、チンパンジー、ゴリラ、オランウータンなどの類人猿です。中でも遺伝子的にはチンパンジーと一番近く、ヒトとチンパンジーの遺伝子は、98.8%が共通と言われています。脳による知覚や認識のシステムも似通っています。
それなのに、ヒトとチンパンジーとで、あまりにも大きな能力の差があるのはどうしてでしょうか？

＜補足＞

樹上生活をしていたアフリカの類人猿が、地上に降りて二足歩行を始めたことが人類への進化のきっかけになったと言われています。
二足歩行を始めた理由については諸説あります。地域の乾燥化に伴って森林が減少しサバンナが拡がったため、やむを得ず樹から下りてサバンナに進出したという説があります。
しかし、アフリカでサバンナが拡がったのはまだ新しく300万年前足らずであり、最初の人類が誕生してから大分経ってからのことです。
実は、約1200万年前以前から、エチオピア、ケニア、タンザニア、モザンビークを南北に結ぶ線上で大きな地殻変動が起き、アフリカ大地溝帯が形成されました。大地溝帯の谷の両側には高い山脈が隆起して、山脈の西側では西風によって降雨が多くなり、東側は少雨となって多様な生態環境が生まれました。そして東側から二足歩行する人類の祖先が生まれたという説があります。

2．人間の特性

人間は二足歩行をきっかけとして脳と知能を発達させてきたと考えられています。
人類の特徴として良く挙げられるのが下記です。

○　直立二足歩行
○　道具をつかう
○　言語をつかう
○　火をつかう

ヒトは直立二足歩行によって劇的な進化を遂げてきました。
立って歩くことで、大きな頭部を支える事が可能になり、その結果大脳の発達をもたらし、高い知能を得ることができました。加えて上肢が自由になった事により、道具の使用・製作を行うようになりました。
また身ぶり言語と発音言語の発達が起き、類人猿にない高度なコミュニケーションが可能になりました。そしてそのことが更に知能を高め、思考能力、学習能力を高めていきました。
ヒトは「火」を調理に使って食料範囲を拡げ、暖を取り、火によって獣から身を守り、それにより個体数を増やし生息地域を拡げてきました。

ヒトはゴリラや虎や熊など他の大型動物に比べて弱者です。肉体的に弱者だったからこそ、知恵を出すことで繁栄してきたと考えることもできます。
ヒトと遺伝子的に近いチンパンジーとの能力の差は、脳の相違にあると言われています。特に目立つ大きな差は、大脳の前頭連合野と呼ばれる領域です。チンパンジーの前頭連合野は体重比でもヒトの３分の１しかないようです。
前頭連合野は、額のすぐ内側にあり、思考や判断に大きく関わっています。ヒトは前頭連合野を発達させることによって圧倒的に大きな能力を獲得してきたと言って良さそうです。

3．意識、心、いのち、気

人間には意識、自我意識があります。そして人間自身をも思考の対象にすることができます。その結果、人文地理学、考古学、心理学、倫理学、哲学、科学などの多くの学問を構築してきました。
人間はさらに高度な思考能力を持っています。新たな解決法を見出す発想力、抽象思考、善悪判断、理性、真善美を追及する意識などです。

しかし人間なら誰でもこれらの高度な意識、能力を持てるわけではありません。ジャック・ルソーは「植物は耕作によりつくられ、人間は教育によってつくられる」と言いました。「教育としつけ」によってヒトが人間になると言うこともできます。人間は、生まれつきの基本能力を持ち下地は同じであっても、それを発達、発展させていくのは、教育、しつけの力によることが大きいということになります。

さらに人間は「心」を持っています。「心」とは何か、人によってその意味する内容、範囲は異なります。「心」の定義もありません。現在の科学レベルでは、何故「心」が生ずるのかほとんど解明されていません。脳の働きと関係があることは確かですが、脳の局所機能がどのように統合されて、心が形成されているのか、実際のところほとんど解っていません。
さらに、人間には「いのち」があります。いのちとは何でしょうか？
肉体といのちとはどのように関連するのでしょうか？　私たちの死後、意識、心はどうなるのでしょうか？
これら「意識、心、いのち」は見ることができませんが、ほとんどの人間はそれらの存在を認識することができます。

もうひとつ見えないけれども大事なものがあります。
「気」です。生命体は全て「気」の働きによって生まれ、成長し、躍動します。「気」を感じたことのない皆様にはご理解頂き難いと思いますが、ちょっとしたトレーニングを積めば誰でも「気」の働きの一部を実感、体感することができます。
人間は、脳をはじめとする肉体レベル、物資レベルでも不思議が一杯ですが、見えない「意識、心、いのち、気」などは更に謎に満ちています。これらに関しては後述いたします。

［4－2］ 脳の不思議

1．脳のはたらき

人間が他の生物と比べて突出している要因のひとつに脳の発達があります。
脳は、からだの内側からの情報、および外側からの様々な情報を集め、これらを分析し、判断し、それに基づいて臓器や手足に信号を送って適切な反応を指示します。脳は全身の司令塔の役割を担っています。さらに、認識・記憶・言語・思考・判断・計画・抑制など高度な情報処理を担当しています。

（1）人間の脳を部位で大別すると、大脳（外側）、小脳（後側）、脳幹（中心部）に分けることができ、いずれも主として神経細胞からできています。これは脊椎動物に共通な基本構造であり、違うのは脊椎動物の種類によりそれぞれの大きさが異なるだけです。
なお、魚類、両生類、爬虫類では脳幹が脳の大部分を占めており、小脳、大脳は未発達です。

（2）大脳の表面は、大脳皮質と呼ばれており、「ニューロン」という神経細胞が密に集まっています。ニューロンは、脳内に約1500億個程度も存在し、互いが複雑に接続し合ってネットワーク（回路）を構成しています。ニューロンは、電気的、化学的な作用によって情報を次々と伝達し、情報処理を行います。脳の主役は、ニューロンのネットワークです。

（3）脳の表面を覆う大脳皮質は、たくさんの領域に分れており、領域によって担当する機能が異なるようです。例えば、記憶に関する領域、視覚、聴覚、味覚、嗅覚、体の感覚、運動、情動に関する領域などに分れています。

（4）上記の各領域とは別に、高度な情報処理を行う連合野と呼ばれる領域が知られています。「前頭連合野」では、思考・判断・計画・抑制などを、「頭頂連合野」では、感覚情報の統合を、「側頭連合野」では、認識・記憶・言語などを担当しているようです。
人間の前頭連合野は大脳皮質の約30％を占めますが、サルでは７％、イヌでも約７％、ネコは３％です。前頭連合野の発達が人間を人間らしくしていると考えられそうです。

（5）また大脳は、左脳と右脳に分れており、両者は「脳梁（のうりょう）」と呼ばれる神経の束で連結されています。左脳と右脳では、役割分担が微妙に異なるようです。
左脳が優位な能力として、言語能力、計算能力、論理的思考、抽象的な思考などがあります。
右脳が優位な能力としては、感覚総合能力、空間認知能力、直感的能力などがあります。
ただし、これらの配置は個人によって異なる場合があります。左利きの人の場合、上記と異なる例が若干多いようです。

（6）左脳と右脳は片側だけでは脳の総合機能を十分に発揮出来難いようです。左脳と右脳の間で適切な情報交換をしながら能力を発揮しています。したがって、左脳と右脳を結ぶ「脳梁」の働きはとても重要です。

（7）脳の重要な機能のひとつに記憶があります。仮に記憶機能が失われると、思考や正しい判断をすることはもちろん、視覚や聴覚などの外部情報を正しく認識することさえできなくなります。
記憶は２つに大別することができます。1つは、立ったり歩いたり、手で物をつかもうとしたり、食べようとしたりする運動機能に関わる記憶です。
２つ目は、人の顔や名前を覚えたり、言語を習得したり、様々な学問の知識を身に付けたりする認知性の記憶です。
これら運動性の記憶と認知性の記憶は、脳の別の部分で分担されています。しかし、具体的にどのような仕組みで記憶が行われ、どのようにして思い出すことができるのか、具体的なメカニズムはほとんど未解明の状況です。脳の構造は大分解かってきたのですが、記憶や思考などの具体的な仕組みは謎のままなのです。

＜注目！＞

（1）アインシュタインの死後の脳断面の写真によると、左脳と右脳を結ぶ脳梁が一般人に比べて相当太かったようです。またアインシュタインの前頭前野と呼ばれる高度な思考に関わる部分は、脳表面のしわが多く深く、かつ長く入り組んでいたようです。脳表面のしわの多さと深さは、ニューロンのネットワークの発達を示していると考えられています。

（2）天才でない一般人に対して行った実験があります。ある方法で、右脳を活性化して、左脳を抑制すると、問題解決能力が大幅にアップするというものです。「ひらめき」を必要とするような新しい問題を解く場合も、右脳の働きが重要のようです。

＜補足＞　古脳と新脳

脊椎動物の脳を古脳と新脳に分類することもできます。
古脳は脳の内側にある脳幹とその直近外側の部分を言い、爬虫類の時代と原始哺乳類の時代に発達したと言われています。古脳は生命維持と種族保存など基本的な生命活動を担っています。具体的には呼吸、循環、摂食、消化、睡眠、恒常性維持、情動行動、本能行動などを担当します。
新脳は哺乳類時代に急激に発達し、古脳を覆う形で大きく進化を続けました。新脳は記憶、計算、学習、言語など高度機能を担い、環境や社会への適応行動を起し、さらに創造的かつ高能率な行動を展開してきています。

2．様々な天才

（1）普通の人がとてもまねのできない能力を持ち、その能力が社会に認められた方々は「天才」と呼ばれています。
レオナルド・ダ・ヴィンチ（1452～1519：イタリア）、アイザック・ニュートン（1642～1727：英国）、ヴォルフガング・アマデウス・モーツアルト（1756～1791：オーストリア）、トーマス・エジソン（1847～1931：米国）、アインシュタインなどは代表的な天才と言われています。私は平安時代の弘法大師「空海」（774～835：日本）も大天才だったと考えています。
天才は大きな業績を残して有名になりますが、天才の数は多くありません。そして天才の能力がどのようにして発揮されるのかも良く解かっていません。
一般人でも夢を見ている時、あるいはそれに近い状態の時に「ひらめく」ことが比較的に多いようです。しかし何故そうなるのかは良く分かっていません。

（2）一方、ほとんど名前も知られていない方々で特異な能力を発揮する方が多くいます。
全般的には普通またはそれ以下の能力しか持たない人の中で、一面において驚異的な能力を持つ人は「サヴァン」と呼ばれています。優れた能力を持つ人という意味合いです。不思議なことに、頭部の怪我などによって脳に障害を持つ人や、自閉症患者に比較的多いと言われています。
サヴァンの能力は自閉症患者の10人にひとり，脳損傷患者あるいは知的障害者の2000人にひとりの割合でみられるようです。そして、しばしばテレビ番組で取り上げられたり、映画のモデルになったりしています。

（3）「サヴァン」は、その人によって得意な能力が異なります。
◎一瞬見ただけの景色を、家に帰宅してから驚くほど細部まで精密に再現して絵に描く能力
◎厚い本を短時間でまるまる丸暗記できる能力
◎数百年離れた過去や未来のある日の曜日を一瞬で答える能力
◎日常生活では不都合が多いのに数カ国語を自由に操る天才的語学能力
◎オーケストラの作曲という複雑な作業を頭の中だけで構築し、完成してから譜面に書き起こす能力
◎一度耳にした音楽を細部まで記憶し、その何千にも及ぶレパートリーの中から特定の曲を瞬時に正確に再現する能力。さらに、それらを異なるキー（調）でピアノ演奏し、あるいはアレンジを加えて変奏する能力

（4）上記の多くの能力では、見方、聞き方、計算方法、覚え方が常人と全く異なるようです。まるで写真を撮るように瞬間的に大量に情報を取り入れたり計算したりしています。そしてそれを瞬間的、無意識的に記憶しているようです。

（5）左脳に障害がある場合、それをカバーするために右脳がより活性化されたことが一因であるという仮説があります。また、通常の記憶経路ではなく、大脳の内側にある進化的に古い脳（大脳基底核や小脳）で記憶しているという仮説もあります。
また、いわゆる「直感」も古脳が関与しているという説があります。しかし全貌は謎のままです。

（6）映画「レインマン」で、ダスティン・ホフマン演じる主人公のモデルとなったキム・ピークは、先天性脳障害のため父親の介護を必要とする生活を送っていました。しかし直感像による記憶能力を持ち、9000冊以上にも上る本の内容を丸暗記でき、また人が生年月日を言えばそれが何曜日であるか即座に答えることができました。

（7）映画「裸の大将」のモデル「山下清」は、学校での勉強について

いけませんでしたが、驚異的な映像記憶力の持ち主でした。「花火」「桜島」など行く先々で見た風景を瞬間的に記憶し、多くのちぎり絵などに残しています。しかし、旅先ではほとんど絵を描くことがなく、家に帰ってから記憶をもとに描いたようです。

天才やサヴァンの人々の特異な能力が、どのような仕組みで発揮されるのか詳細はほとんど解かっていません。それどころか人間の脳は全体の１割程度しか解明されていないとも言われています。

［４－３］ 意識とは何か？

第１章では宇宙などマクロな世界を対象に、第２章ではミクロの世界の不思議、第３章では生物の不思議を概観してきました。そして本章においてもこれまでは、いずれも公知の最新情報に基づいています。
ニュース、新聞、インターネット情報、科学雑誌、本、テレビ番組など、誰でも入手できる情報と私の記憶に、私の解釈と発想を加えて、私自身の言葉で記してきました。

ここから先は、「見えない世界」、「非物質の世界」の記述が多くなりますので、誰もが支持する客観的な情報は少ない分野です。したがって私自身の実体験、実感、考察に基づく主観的な記述が多くなりますのでご了承ください。

１．意識とは？

「意識」とは何でしょうか？
私は目が覚めているので、意識があります。今文章を書いている最中なので意識があります。周囲の雑音が耳に入っている筈なのに、作業に集中しているため雑音が意識にのぼりません。熟睡している時は多分意識がありません・・・。

意識とは、覚醒している状態であり、目や耳や皮膚などの感覚器官からの情報を知覚したり、それらをもとにして快・不快など様々な感情が呼び起こされる状態です。意識は個人的な「心の中の現象」であり主観的なものです。

意識研究は、様々な角度から追及が続けられていますが、謎に満ちています。意識と脳の間に深い関係があることは誰でも解かりますが、具体的な相互作用のメカニズムは解っていません。
脳はニューロン（神経細胞）などの物質の集合体です。一方、意識は非物質です。物質から如何にして非物質である意識や心が生み出されるのか全く説明できないのです。このことを意識の「ハード・プロブレム」と呼んでいます。本質的に難しい問題と捉えており、現在は全く歯が立たない状況です。
一方、脳に何かの刺激を与えたり、意識を絞り込んだ状態のときに、脳のどの部分が活動しているのか調べることは、「イージー・プロブレム」と呼ばれています。現在はこちらの研究が大多数を占めているようです。具体的には脳の働きの分布状況や情報経路などの調査が中心になっています。

2．意識の切り替え

散歩中に前方から歩いてくる男女を見ているとき、意識は男性の方に向いたり、あるいは女性の方に向いたり、顔や服装などに絞り込まれたり、意識の向く場所や内容が刻々と変化しますね。
視覚だけでなく、聴覚や嗅覚など様々な感覚器官からの情報が同時に脳に伝達されていますが、意識はそれらの中の狭い範囲に絞られ、また移り変わっていくことが多いと思います。
瞬間ごとに変化する脳内の様々な情報や活動の中で、何を捨て、何を重視すべきか判断する選択機能があると考えられます。その選択に従って意識が向けられ、意識が絞り込まれることになります。この選択機能は、「自我」や「私」の中心機能かも知れません。

意識（心）は､脳とは別の精神活動であると考える「脳と精神の二元論」があります。17世紀のルネ・デカルト以来の考え方です。
一方、現在の多くの科学者は、全てを脳の働きとして説明しようとしています。すなわち、物質である脳の活動結果として付随的に意識（心）が発生すると言うのです。しかし核心には迫れていないのが現状です。

3．意識と潜在意識

意識には、私たちが意識できる部分と意識できない部分があります。意識できる部分を顕在意識といい､意識できない部分を潜在意識（無意識）と呼んでいます。私たちの意識は２重構造になっています。
この潜在意識の重要性にいち早く着目したのは、オーストリアの心理学者「ジクムント・フロイト」（1856～1939）です。その後の研究において､潜在意識は私たちの普段の行動､思考､意思決定にも大きく関わっていることがわかってきました。
さて、潜在意識をさらに追及したのが、スイス生まれの心理学者「カール・グスタフ・ユング」（1875～1961）です。
人間の意識に関するユングの説は、次のように氷山に例えて考えると解かり易いかも知れません。
普段、私たちが意識している顕在意識は、氷山に例えれば海の上に顔を出している小さな部分に相当し、潜在意識は海中に沈んでいる大きな部分に相当します。つまり、顕在意識が意識の中に占める割合はほんの一部分に過ぎず、海中に沈んでいる部分、つまり潜在意識が意識の大部分を占めています。
ユングは潜在意識をさらに２つに分けました。「個人的無意識」と、さらにその奥深くに広がる「集合的無意識」です。

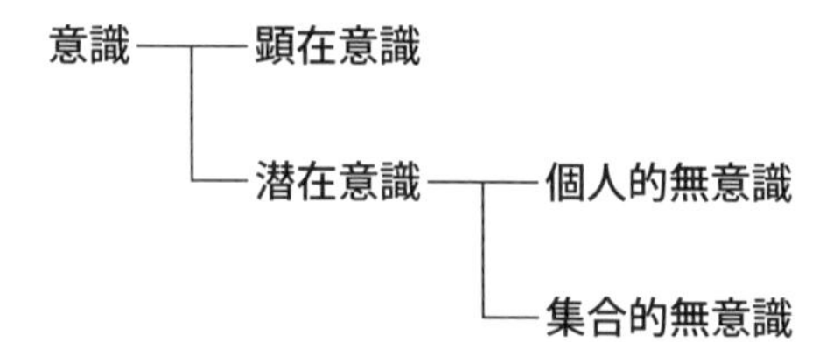

個人的無意識は、生まれてから現在に至るまでの各個人の経験から構成された無意識であり、その内容は各個人によって異なります。
集合的無意識は、個人の経験の領域を超えて、人類に共通の無意識領域のことを言います。何と、潜在意識の奥深くは、自分だけでなく他の人々の潜在意識とつながっているというのです。私たちの肉体は、一人一人分離した個体なのですが、意識（心）の面から見るとすべての人間の意識（心）は奥底で１つにつながっているわけです。

「ユング」は多数の精神病患者を診察し、観察する中で、そのように考えないと説明ができない事象を多く見てきたのだと思われます。現在の心理学者でも「ユング」の仮説については賛否両論あるようです。物質重視の心理学者は、そんな馬鹿なと頭から否定する人もおられるようです。「唯脳論者」はその極みかも知れません。
残念ながら「意識」とは何かについて共通認識がないのが現状です。

私自身は、ユングの集合的無意識論を支持しています。別途ご説明しますが、視野を拡げれば極めて当然と思えてくるようになります。そして多くの不思議が解消していきます。
現代科学は物質重視に偏り過ぎており、「意識や心やいのちや気」など非物質の存在に対して理解が大幅に不足していると考えています。本書はそれらに光を当て宇宙の本質に迫ろうとしています。

［4－4］ 心とは何か？

「心とは何か？」を誰かに説明しようとすると、明確に説明するのは意外に難しいのではないでしょうか？　実際のところ自分自身の心でさえ十分には把握できないのが現実かと思います。
一般的な「心」の定義はありません。そして人によって「心」の捉え方や範囲が大きく異なります。
ギリシャ時代はもちろん、さらに古く古代インドのウパニシャド哲学の時代から、人類は「心とは何か」について思惟をめぐらせてきました。様々な哲学者、宗教家、心理学者、生物学者、物理学者たちが、心について思索を行ってきました。

1．心と脳の関係

心に関しては、「心」と「脳」の関連をどのように考えるのかによって、大きく２つの考え方に分けることができます。

（1）現代科学においては、心は脳の働きによる副産物と考えています。心は脳の神経ネットワークから生じる随伴現象であり、いわば副次的な存在と考えます。したがって脳が機能停止したら心は自動的に消滅するというものです。「唯物的一元論」とも言われます。
その説明として、脳に損傷を与えると心に異常をきたしたり、記憶が失われるといった症例を挙げます。また脳の一部を刺激することによって幻覚や幻聴がつくり出されるといった現象を取り上げます。そして精神障害（心の病気）は、脳の物理的な異常として捉えます。

（2）一方、たとえ脳の機能が停止しても、それは物質レベルの不全に過ぎず、心の存在とは切り離して考える立場があります。すなわち、脳という物質から独立して心（意識）が存在するという考え方です。「心身二元論」とも言われます。

歴史的にはこの考え方が多いと思われます。ソクラテスやプラトンの哲学もそうした見解に立っています。また死後の心の存続を肯定する宗教がたくさんあります。

２．心の病気への対応法

心をめぐって対立する２つの考え方は、心の病気を扱う対処方法にも相違ができています。

（１）心は脳の働きの副産物であると考える「唯物的一元論」では、科学性を重視し唯物医学の立場に立とうとします。そして心の病気を「脳の異常」として考えます。
すなわち、物質である脳の働きや異常状態を追及して、物質ベースの治療法に傾きます。結果として薬物療法や手術が多くなります。

（２）心と脳（物質）を同じものとは見なさない「心身二元論」では、心の病気は心を中心に分析し治療すべきであると考えます。すなわち、臨床と会話による治療を優先し、精神分析や暗示療法など多くの心理療法を生み出してきました。

３．心の異常

心とは何かを考える上で、心の病気や異常を知ることがヒントになります。心の病気は実に様々あります。そしてその原因も多様であり、原因不明の病気もあります。良く知られた心の病気として次のようなものがあります。

認知症、うつ病、統合失調症、パニック障害、てんかん、ＰＴＳＤ（心的外傷後ストレス障害）、発達障害、適応障害、摂食障害、性同一性障害、解離性障害・・・。

認知症は脳の退縮が原因と言われています。一方脳の異常だけで説明し難い病気もあります。
解離性障害の中に「多重人格障害」があります。本人の人格以外に複数の別の人格が現れる障害のことを言います。別の人格は突然本人の人格と入れ替わって、その人の行動をコントロールします。一人の女性に20人以上の別の人格が現われる事例が報告されています。そして人格が交代するごとに、行動、表情、話し方、言葉づかい、声色、顔色まで大きく変化します。
また、「憑依」という現象があります。自分の心の中に、他人の心が入ってくる、あるいは影響を受ける現象です。様々なパターンがありますが、これら「多重人格障害」や「憑依」を物理的な脳の異常とするのは無理がありそうです。脳に起因する病気もあるし、そうでない心の病気もあると考えるべきと思います。

4. 近代科学と心

近代科学は、17世紀前半のフランスの哲学者ルネ・デカルト（1596～1650）に始まると言われています。デカルトの「物心二元論」（物心二分論）が科学のスタート・ポイントになっています。
デカルトの哲学は、心（意識）と物質（肉体）を徹底して分離し、この宇宙は人間の心や意識とは関わりなく存在し、人間の影響を全く受けずに規則正しく運動し続けていると考えました。見えない難解な部分を切り離し、判り易い見える領域だけを対象にすることで以後、科学が大いに発展しました。しかしデカルト自身は、見えない世界の重要性を十分に認識して盛んに研究していました。

また17世紀後半に登場したニュートンも、デカルトの物心二元論と同様の考えに立脚しました。科学の中から意識（心）を排除することによって、近世以前の宗教的迷信の介入を徹底して否定しようとしたのです。しかしニュートンをはじめ当時の研究者の多くは、見えない世界を十分に認識していました。

厄介な心が分離されることで、物質を追究する科学は身軽になり、物理学を中心にして大いに発展しました。一方、心を始めとする非物質の観察は容易ではなく再現性もないため進歩が大幅に遅れました。
科学はニュートンの時代から急速に発達し、19世紀末には様々な物理現象がニュートンおよびその後の新理論で説明できるようになってきました。そして20世紀の前半には、科学至上主義が台頭してきました。多くの科学者は科学の万能性を信じ、心は脳の働きによる随伴現象であり副産物に過ぎないとまで考えるようになりました。科学のスタート・ポイントであったデカルトの「物心二元論」から「唯物的一元論」に変質してしまったのです。

5．新しい兆し

「唯物的一元論」は、科学者、脳科学者、医学者の多くから支持されてきました。ところが脳科学の権威であるワイルダー・ペンフィールド（1891～1976：カナダ）やジョン・C・エックルス（1903～1997：オーストラリア）が、後年その立場を大きく変えて、脳から独立した心の存在を認める見解を出し、科学界、医学界に大きな衝撃と波紋を巻き起しました。
しかも、心（意識）と物質（脳）の間に相互関連性があると主張しています。デカルトの「物心二元論」は、心と物質の間には関連性はないと考えましたが、ペンフィールドたちは、心と物質は影響を及ぼし合っているとし、新しい二元論すなわち「相関的二元論」を提示しました。

しかしこれらの新見解は、いまだに脳科学者、医学者、そして多くの科学者に受け入れられてはいないようです。これを認めることは現代科学の固執する「唯物的一元論」を否定することにつながるからかも知れません。科学界は「心」の扱いをめぐって今なお混乱しているようです。

＜補足＞　1分間哲学散歩

人間とは何か？　人間と宇宙の本質を考察し追及するのが哲学と考えられます。先ず、ギリシャ哲学をチラっと眺めてみます。
「ソクラテス」（紀元前469頃～399）は、人間にとって正しい「知」を得ることが何よりも重要であるとして「主知主義」の哲学を展開しました。人智は僅少に過ぎず、自分の知恵は小さいことを自覚する者が賢者であると考えました。そして人間の肉体は滅びても魂は生き続けると考えました。
「プラトン」（紀元前424～347）はソクラテスの哲学を受け継ぎ「知を愛する人」こそが最良の人であり、リーダーになるべき人であると考えました。そして本当に実在する世界の本質は見えない「イデア」であって、私たちが五感を通して感じている世界はあくまで「イデア」の「似像」にすぎない、とするイデア論を説きました。見えない世界を重視したのです。「霊―肉二元論」とも言われます。

大幅に時代を下り、17世紀のデカルトは、すべての存在を吟味し、疑い、絶対確実に存在するものは何かを追究しました。そして疑いをはさむ余地のないものは、今まさに疑いかつ考えている自我だけであると結論づけました。いわゆる「我思う故に我あり」です。考えている「自我」は確実に存在し、考え、意識する主体であると捉えました。
そしてデカルトは、物質と心を切り離して考えようとする「物心二元論」を提唱したのです。それを契機にして、容易に観察できる物質の追及が急速に進み、科学が目覚ましく発展しました。一方心を始めとする非物質の追及は大幅に遅れました。物質と心に関して、その理解度のバランスが大きく崩れているのが現状と思います。

第５章で心や意識に関しての私の仮説をご紹介いたします。そこでは、視野と概念を大幅に拡大して考えていきます。

［4－5］ いのちとは何か？

1．いのちの説明

（1）「いのち」

「いのち」とは何でしょうか？　広辞苑で「いのち」を引いてみると、「生物の生きていく原動力、生命力。寿命、一生、生涯。」と載っています。あまり具体的な説明にはなっていないですね。「いのち」がある間は生きている、死んだら「いのち」が無くなるという使われかたが一般的でしょうか？

（2）生命体と非生命体

そこで、先ず生命体（生物）と非生命体との基本的な相違を見てみます。まず、非生命体は自ら動きませんし、基本的には成長もしません。そして熱力学の法則に則って徐々に崩壊していきます。
一方、生命体（生物）は速度こそ様々ですが自ら動いたり成長しますね。そして子孫を残し、最終的には死にます。生命体は死ぬと非生命体となり、朽ちて崩壊してゆきます。

しかし動かず成長もしなければ非生命体である、とは言い切れません。2000年以上の間、地中に埋もれていた古代ハスの種が、植物学者の大賀一郎博士によって見事に蘇がえって立派な花を咲かせたことがあります。第3章で述べた「クマムシ」は生存条件が満たされなくなると、自らひからびて全く動かなくなります。数十年でも耐え、水一滴垂らすと生き返って生命活動を再開します。
逆に水晶などある種の鉱物は、物理的条件が揃うと結晶が生じて徐々に成長します。しかし通常これらは生命体とは考えませんね。
生命体には「いのち」があり、非生命体には、「いのち」がないと考えるのが自然な使われ方でしょうか。

（3）生と死

生物が生きている状態と、死んだときでは何か相違があるのでしょうか？　死んで暫く時間が経過すると、からだが腐敗して分解、消滅していきますが、死んだ直後は大きな変化が見られない場合が多いですね。そもそも死とは何でしょうか？　「脳死が人の死である」という人為的で説得力のない定義もありますが。
生物の重さを精密測定して、生きている時と、死んだ直後の重量の変化を測定するという実験が何度か行われています。死ぬと軽くなったという報告と、全く変化しなかったという報告と両方あります。測定方法と測定範囲に相違があるようです。「いのち」に重さがあるのでしょうか？

（4）物質と生命体との大きなギャップ

科学は飛躍的に発達してきましたが生命体を一から創ることは全く不可能です。現在の科学では、細胞ひとつ、細菌ひとつ創ることは全くできません。ＥＳ細胞やｉＰＳ細胞など生命工学の進歩が一見加速しているように感じられますが、実際は天然の細胞を土台にして、それらをいじり回しているに過ぎない段階です。生きた自然の細胞がなければ何もできないのが現実です。

将来、仮に科学がさらに飛躍的に進歩して、様々な原子を自由自在に組み合わせて、高分子のアミノ酸やタンパク質など、細胞の全ての構成要素を人工的に合成できるようになったとしても、それは単なる物質の集合に過ぎません。それが動きだし、栄養摂取、排泄、分裂、増殖することはありません。物質と生命体との間には、とんでもない巨大なギャップがあります。そのギャップの元は何でしょうか？
私はエネルギーと情報であると考えています。

（5）臨死体験

死にかけた人が奇跡的に息を吹き返して体験を語る実例が古今東西たくさんあります。いわゆる臨死体験です。その研究者も多くいます。一人の学者で１万人以上の実例を収集し分析した人もいます。またバリバリの現役の医学博士自身が臨死体験を経験した後、それまでの死後の世界はないとする考えを大きく転換した例も複数あります。

臨死体験にはしばしば共通のパターンがあるようです。
○自分を取囲んでいる医師や周囲の人の話し声が聞こえる。
○自分の肉体から抜け出して天井から自分の様子を眺める。（体外離脱）
○長いトンネルを猛スピードで通り抜ける。
○その先に美しい風景が拡がり、光の存在と遭遇する。
○素晴らしい愛と幸福に満たされる。
○ここに来るのはまだ早い、帰れと諭される。
○気がついたら元の肉体に戻っていた。
などが多いようですが、体験者によって異なることもあります。

これらを神秘体験と呼ぶことがあります。
臨死体験に関しては、大きく２つの考え方に分かれます。
死後の世界があるとする立場と、そんなものはない、死んだら全て無になると考える立場です。

前者の立場では、臨死体験は死後の世界の事前体験であると考えます。世界中の臨死体験者たちは非常に強い幸福感、至福感を体験し死を恐れなくなるようです。
後者では、臨死体験は物理的な脳内現象による幻覚に過ぎないと考えます。具体的には、臨死時の血流低下や酸素欠乏、二酸化炭素増加などによる幻覚や、セロトニンなどの神経伝達物質の作用による至福感であるとしています。多くの研究者によってそれらに関係する具体的な脳の部位も解かりつつありますが、何故体験者の多くが共通の神秘体験をするのかは説明できていません。
本当のところは死んでみないと解かりませんね。でも臨死体験の全ての事例を、物理的、科学的知見のみで説明することは難しそうに思えます。

＜蛇足＞　創世神話

世界中の各地の神話では、しばしば神が世界や生き物を造ったとされています。世界が造られた様子を語る神話は創世神話と呼ばれています。
例えば、ユダヤ教の聖書の「創世記」では、神は天地創造３日目に植物を創り、５日目に魚と鳥を、６日目に獣と家畜、そして神に似せて「人」を造ったとされています。天地創造と「いのち」の創造は６日間で行われ、７日目に神が休息したとなっています。
ユダヤ教の聖書は、キリスト教において旧約聖書として引き継がれ、これらの生命観・世界観は広くキリスト教圏で信じられてきました。生命は神による天地創造以来連綿と続いていると考える説は「生命永久説」とも言われます。
しかし、何でもできる「神様」を持ち出したらその先に進めなくなってしまいますね。

（６）いのちのリレー

生物は必ず死にます。死んでもその子孫が生き続ければ、いのちが後代に受け継がれてその「種」は永続的に生き続けて繁栄します。長い時間で眺めて見ると、各個体のいのちだけでなく、「種」のいのちがあるようにも見えます。
いや、むしろ「種」のいのちが、その時々の各個体に委ねられて、いのちのリレーが行われていると考えた方が良いのかも知れません。
私は、いのちの実体・本質は、「生命エネルギー」と「生命情報」であると考えています。個体が発生する際に、両者が各個体に含まれて成長していくと考えています。
具体的には第５章で仮説としてご説明します。

［補足］ 生命の起源は？

生命は何処から来たのでしょうか？
地球上のあらゆる生物に共通している主要な元素は、炭素、窒素、酸素、水素の４つです。しかし人間の血液１滴を精密分析すると、超微量な元素も含めると、実に78種類の元素が含まれていることが最近判っています。自然界に存在する元素は、一番軽い水素から、一番重いウランまで92種類しかありません。すなわち92種類の内、実に85％にあたる78種類の元素が血液１滴に含まれているのです。これは驚くべきことと思います。

これらの元素は、宇宙の始まり以来、星々の誕生と、成長、爆発による星の死という壮大なサイクルを繰り返すことによって宇宙全体に拡散されてきました。（第１章［１－４］宇宙の姿　参照）
また最近の研究によって、宇宙空間には生命体に欠かせないアミノ酸などの有機分子も豊富に存在していることが判ってきています。そして太陽系や地球が形成された46億年前から数億年の間、これらの有機物を含んだ隕石、彗星などが地球上に降り注いでいました。これらが生命体の材料になり、地球における生命誕生のきっかけを作ったとの説が有力になってきているようです。

一方、分子生物学的に生物の系統樹をさかのぼっていくと、全ての生物の根元は「高度好熱菌」という高温環境下でしか生存できない生物に行きつくようです。つまり地球上の生物は、地球形成初期の高温の海に発生した高度好熱菌から進化してきたと考えられ始めています。
実際、深海にある地球を覆うプレートの境界で「熱水噴出孔」が今でも多数発見されています。400℃前後の高温にも拘わらず、そこにはバクテリアや古細菌が大量に住み、それらをエサにする様々な生物が群がっており生物コロニーを形成していることが判ってきています。

<トピックス>

1．隕石中にＤＮＡ発見

最近、米航空宇宙局（ＮＡＳＡ）などの研究チームが、南極で採取した隕石の中から、ＤＮＡ（デオキシリボ核酸）を構成する高分子を発見したと発表しています。
このことは約46億年前の太陽系誕生時に既に、アミノ酸だけでなく、より複雑なＤＮＡ因子まで太陽系周辺に存在していたことを示しています。すなわち私たちのＤＮＡは、地球上に降り注いだ隕石中のＤＮＡ因子などが起源になっている可能性を示しています。その意味で生命の「宇宙飛来説」が勢いを増しそうです。
もし仮に太陽系やその周辺に生命体が存在すると仮定した場合、そのＤＮＡは私たち地球上の生命体と同じまたは同様なＤＮＡを持つ可能性が高まったことになります。
なおこのことは、独自に原始地球上において簡単な分子から少しずつ複雑な分子ができ、その流れの中で最終的にＤＮＡを持つ生命体が誕生する可能性を否定するものではありません。

2．ＧＡＤＶ仮説

生命の起源を説明する仮説はいくつかありますが、その中で現在有力な仮説として「ＲＮＡワールド仮説」が知られています。長くなるので説明は省略しますが、簡単な分子から次第に複雑な分子が生れ、ＲＮＡ（リボ核酸）が出来たことによって最初の生命が誕生したというものです。
ただし欠点がいくつかあります。
これに対して日本の池原健二氏は「ＧＡＤＶ‐タンパク質ワールド仮説」を提唱しています。ごく最近発表されたばかりのためご存じない方が多いと思いますが、今後脚光を浴びるものと思います。新説では「ＲＮＡワールド仮説」の重大な欠点がほとんど解決されているからです。

ただし、これまでご説明してきたいくつかの仮説は、物質としての生命体の始まりを説明できたとしても、非物質の「いのち」の始まりについては全く迫れていないのが現状です。

［4－6］　気の働き

人間は肉体だけでなく、「意識や心やいのち」を持っています。このことは誰でも自覚できます。私はさらに「気」の働きが人間にとって不可欠であると考えています。いやむしろ、「気」があるからこそ生命体が存在できると考えています。
「気」は前述の「生命エネルギー」、「生命情報」と密接に関わります。それだけでなく、「気」は宇宙のしくみに深く関わっていると私は考えています。
「気」に関しては理解できる方と、そうでない方と２分されると思います。「気」は見えませんからやむを得ない面があります。しかし誰でも「気」の働きを体感することができます。

1．実際にやってみて判ること

皆さんは、「気功、合気道、ヨガ、指圧」などのトレーニングを経験したことがありますでしょうか？
これらは「気」の働きを活用する習練法です。これらを継続している方々は「気」の働きを体感・実感することができます。

少し練習すれば誰でも「自転車」に乗ることができるのと同様です。仮に自転車を見たことも聞いたこともない人が、もし頭だけで考えると、安定な３輪車ならともかく、不安定な２輪車を自在に乗り回せるとは思えないでしょう。でも実際に練習すれば直ぐに自転車に乗れるようになります。そして歩く場合の数倍の速度で、しかも疲労も少なく自在に乗り回すことができます。習熟すればヒョイと前輪を持上げて後輪１輪だけでも走行できるようになります。実際にやってみると想像以上に便利で役立つし、何よりも爽快で楽しいことに気付きます。世界が拡がって感じられます。
気のトレーニングも同様です。実際に継続してみると想像以上に気の働きが深く広いことに感動します。

２．気功

「気」とか「気功」というと、「何と非科学的な！」と眉をしかめる方々が多くおられます。様々な要因によって「気」や「気功」に対して誤解されている方々が多くおられます。視聴率重視のテレビ番組が誤解を助長している傾向もあります。
そもそも「気とは何か？」を論ずるのが順序ですが､第５章に廻します。何故なら「気」は、大宇宙の根源に深く関わっており、簡単にご説明できる代物ではないからです。
気は見えないし観測できないので、科学的には究明できていません。しかも、頭脳で「考える」だけでは「気」を理解することは難しいと思います。「からだ」全体で感じることが早道です。理屈ではなく体感が重要なのです。自転車に実際に「乗る」のと同じことです。
「気」を扱うトレーニングをすべて「気功」と総称しています。したがって「気功」の範囲はとても広くなります。呼吸法、イメージトレーニング、太極拳なども「気」を扱うトレーニングですから「気功」に包含されます。前述の合気道、ヨガ、指圧なども広義の気功に含まれます。

「気」の働きを体感できるようになると、世界が大きく拡がって感じられてきます。例えば、生まれつき耳の不自由な方が、仮にもし耳が聞こえるようになれば、沈黙の世界から、音楽の素晴らしさや会話の楽しさを体感できるようになる感じです。あるいは、生まれつき目の色素細胞がなくモノクロ（白、灰、黒）の映像しか見れなかった方が、もし仮に色素細胞を得られれば、美しい色が見えるようになり、真っ赤な夕日や、青い海、虹色の美しさに感動できるようになる感じです。世界が大幅に拡がるのです。

3．気の働き

「気とは何か？」に代えて、先ず「気」によってどんなことが体験できるのか、どんな働きを感じることが出来るのかについて気功を中心にして述べていきます。

（1）「気感」

「気」は目には見えませんが、気功を続けていると、次第に「気」を感じられるようになってきます。「気感」といいます。「気感」には個人差があり、比較的早めに感じる方もおられるし、なかなか感じにくい方もいらっしゃいます。
気の感じ方も人によって様々です。静電気のようなビリビリした感じの方が比較的多いと思いますが、磁場のように感じる方、圧力を感じる方、暖かく感じる方、ヒンヤリ感じる方、サラサラ感を感じる方など様々です。
気感が判るようになると、人体の体表の様々な場所から気が強く出ているのが判るようになります。
たとえば、頭頂（百会というツボ）、左右の眉毛の中間（印堂）、左右の乳首の中間（膻中：だんちゅう）、おへその少し下（丹田）などは代表的なツボです。これらのツボの付近で　てのひらをゆっくり動かすと、気の強弱を感じることができます。てのひらは気を感じ易く、気のセンサーになります。てのひら（掌）の他に、指先、顔のホホなどでも気を感じることができます。

このことから人間は、肉体とは別に「気のからだ」を持っていることを実感できるようになります。
普通は「気のからだ」は見えませんが、明確に実感することができ、日々の変化を感じ取ることができます。見えないけれどもその存在を確信することができます。「気のからだ」は「エネルギー体」と呼ばれることもあります。第５章であらためてご説明いたします。

また、牡丹やバラの花に手をかざすと、花から出ている気を感じられます。咲いて開ききった花よりも、つぼみの状態、花が少し開き始めた頃の方が気を強く感じます。植物も気のからだを持っているのです。全ての生命体は気のからだを持っています。気を感じられるようになって初めて判ることですね。
なお、気のからだを見ることができる人もいます。私も一部分を見ることができます。

（2）病気予防

気功を続けていると「気のからだ」が次第に整ってきます。気のからだの歪みが少なくなり、整ってくると、肉体のからだも次第に整ってきます。肉体のからだの不調が消え元気になっていきます。気のからだは「エネルギー体」だからです。生命力があふれ、自然治癒力が増進し、免疫力が高まります。病気にかかり難くなります。気功は、病気予防効果、健康効果がとても大きいのです。

（3）老化抑制

気功によって老化を抑制することもできます。すなわち、年齢を重ねて身心が衰えてきても、気功は衰えた体力、生命力を補ってくれます。肉体のからだは、しなやかさを保ち、心も若返ります。そうです！　高齢になるほど気功の恩恵を享受できるようになります。
ちなみに私は70代ですが、体力年齢は50代、骨密度年齢は40代、血管年齢も40代です。気功のおかげと思っています。ただし、残念ながら頭部は90代です！！！

（4）治療

気功を続けていると「気のからだ」が次第に整い、簡単な病気なら治すことができます。そして自分自身の病気だけでなく、家族の簡単な病気を治せるようになってきます。てのひらをご家族にかざして暫く心を落ち着けていると、相手の気のからだが次第に整ってくるのです。「手当て気功」と呼ばれることもあります。

（5）遠隔治療

上記の手当て気功は、数10cm程度の距離で手当てしますが、その距離をぐんと離すことができます。誰でもできるわけではありませんが、50km、500km離れた病気の人を治すことのできる人も多くいます。原理は全く同じです。相手の気のからだを、離れた場所から積極的に調整するのです。遠隔治療といいます。

（6）武術

気の働きを活用すると武術の威力が格段に向上します。合気道や太極拳の一部や古武術の一部は気の働きを利用しています。
多くの武術は、力とスピードと技を重視します。気の武術は逆転の発想であり、徹底的に力を抜いて気の効果を引出します。説明は省略しますが、離れて立つ相手を気で飛ばすことが出来る人もいます。実際に見て経験したことのない人には到底信じられないでしょう。「唯物主義」に立脚している現代科学の立場では、当然認めることはできないでしょう。なお、歴史上の武術の達人や剣聖の中には「無意識的」に気の働きを使っている人も多くいたと思われます。

（7）更に！！！

気のトレーニングを続けていると上記のような健康、長寿、治療、武術などだけでなく、様々な変化を体験することが多くなってきます。

◎心が穏やかに、そして前向き、積極的になってきます。
◎周囲との人間関係も次第に和やかになってきます。
◎しばしば「直感」が働くようになってきます。
◎そして「想い」が実現し易くなってきます。
◎潜在能力が開花する方々もおられます。

気の働きを細かく説明し始めるとそれだけで1冊の本になってしまいますのでこのくらいに留めます。

＜補足＞　気のからだの構造

気のからだは見えませんし、かたちもハッキリしません。
肉体のからだのように皮膚で囲まれた定型ではなく、体の外側まで拡がっています。しかも意識によって拡大したり縮小したりします。例えば、丹田を意識して、丹田の気を拡げようと思うと、実際にお腹の前方に丹田の気が拡がって大きくなるのを感じることができます。また眼力を鋭くして前方を凝視すると、視線に沿って眼から気が伸びていきます。武術ではとても重要です。

「気のからだ」は例えて言えば、電波の雲のようなものと言って良いと思います。
生命体にはそれぞれ、エネルギーと情報を持った電波の雲が取り巻いているのです。それを「エネルギー体」と呼んだりもします。電波ですから境界がなく原理的には無限に拡がっています。だから遠く離れた他人の気のからだを調整することができるのです。

ただし、電波の正体は、「電子」の振動が周囲の空間に拡がった物質次元の電磁波ですが、「気」は高次元の存在です。次元が異なりますので、電波よりも遥かに精妙機微です。

気のからだは見えませんが、いくつかの構造を持っているようです。「経絡」は気のからだの一つの構造と見ることができます。「経絡」は簡単に言えば「気の流れ道」です。様々な経絡がありますが、内臓に関する経絡だけでも12経絡あります。肺経、大腸系、胃経、脾経、心経、小腸系、膀胱系、腎経、心包系、三焦経、胆経、肝経の12経絡です。各経絡上にはそれぞれ複数のツボが点在します。
指圧や鍼灸など東洋医学では、これらのツボを利用して経絡を調整し、気のからだを整え、肉体のからだを整えていきます。

気功の具体的な方法や様々な気の働きに関しては、拙書「ガンにならない歩き方」（本・電子書籍）をご参照ください。

＜本＞　「ガンにならない歩き方」　1300円＋税
販売元１．アマゾン（インターネット検索、発注）
販売元２．三省堂－楽天（三省堂本店へ電話、発注）

＜電子書籍＞「ガンにならない歩き方」　300円＋税
販売元１．アマゾン（インターネット検索、発注）
販売元２．三省堂－楽天（インターネット検索、発注）
販売元３．ブックライブ（インターネット検索、発注）

［４－７］　エーっ！　本当ですか？！

第３章「生物の不思議」で見てきたように、生物は驚くほど多様であり、それぞれが驚異的な能力を持って生き延びてきています。実は私たち「人間」もそれに劣らず凄い能力を持っています。ただ残念ながら気付いている方々は多くなく、その意味で未知の能力といっても良いかと思います。

以下は、多分皆さんが「エーっ！　本当ですか？　信じられない！」と思われるかも知れない諸現象です。しかし、19世紀から欧米各国（英国、オランダ、東ドイツ、ポーランド、チェコ、ブルガリア、ソ連、米国など）の一部の科学者たちによって多数の調査・研究が行われており、理由は説明できないけれども確かにそのような現象が存在することが確認されてきています。

なおこれらの現象は全ての報告ケースが真実というわけではありません。既知の普通の物理現象として説明できるケースが多くあります。また体験者の勘違いや誤解であったり、故意による偽装やトリックの場合もあります。しかしそれらを除外してもどうしても認めざるを得ないケースが多数あるのです。

1．虫の知らせ・テレパシー

遠く離れて住んでいる家族や親類が危険に遭遇したり、あるいは亡くなる際に、胸騒ぎを感じたり違和感を覚えることがあります。後になってから、いわゆる「虫の知らせ」であったことが判ります。また、とても仲の良いご夫婦や親友が、視覚や聴覚などの五感を使わなくても、相手の思っていることが感じられてしまうことがあります。「テレパシー」と言います。

米ワシントン大学のリアナ・スタンディッシュ博士（脳神経学）は、離れた場所の男女の脳の状態を調べることによって「テレパシー」の実験を行いました。被験者の一人に目から映像刺激を与えると、離れた場所にいて眼を閉じている他方の被験者の脳にもその影響が現われるという実験です。

１人が「ｆＭＲＩ」という断層写真撮影装置に入って目を閉じた状態で脳を観察されています。他の１人は離れた別室でテレビ画面に映る試験用の模様を眺めます。模様は時々大きく激しく変化します。激しく変化する時、見ている人の脳だけでなく、離れた断層写真装置に入っている人の脳にも同様の変化が現われることが観察されました。
仲の良い男女のペアが何組か実験に参加しましたが全員に同じ現象が確認されました。すなわち２人の間で五感が全く働かない状況でも、心が伝わることが明らかになっています。

２．透視・リモートビューイング

東西冷戦時代にアメリカやソ連で軍事用として透視（リモートビューイング）が研究されていました。敵基地の風景や構造物・設備などを数千キロ離れた場所から透視する実験が20年も続けられていたのです。特別な道具は一切使いません。
アメリカでは、ＣＩＡが主宰した「スターダスト計画」に基づき、物理学者たちが指揮をとって研究が進められました。透視は特殊な能力を持った者しかできないと思われがちですが、訓練により誰でもできることが判っています。実際、アメリカ陸軍の遠隔透視部隊は普通の一般の軍人で構成されました。
これらの透視ノウハウを集約し一般化した「透視の技術セミナー」が日本でも開催されています。もちろんインチキではありません。私も試しに１回だけ参加したことがあります。

また人間は幼児の頃、見えないものを感じる能力を誰でも持っているという話があります。多くは母親とのつながりの中で自然に発揮されるようですが、こんな例が複数報告されています。
１枚数cm四方の紙片の裏に、○や△やＸなど簡単な記号や文字、絵などを一つだけ書いて、中が見えないように丸めて沢山の紙の玉にします。紙の玉を幼児の手に１つ握らせて、紙に何が書いてあるか聞きます。何度も繰り返し続けていると、開いて見なくても握っているだけで次第に中身を当てられるようになるそうです。ところがこの能力は３～４歳になると消えてしまうようです。

３．リーディング（READING）

テレビ番組で、人の心を読む能力のある人の様子が時々放映されています。リーディングと呼ばれます。
悩みを抱える相談者と相対して、悩みの原因や解決法を読み解く事例や、犯罪捜査のためにＦＢＩや警察に協力する方々の例などを放映しています。これらには賛否両論あると思います。すんなり受け入れる方、ＴＶ番組なのだから台本通りに番組を制作しているに過ぎないと思う方、様々と思います。皆さんは如何でしょうか？
リーディング能力のレベルは人によって様々と思います。なかには怪しい人もいるとは思います。しかし確かな能力を持った方がおられることは私自身が実体験しています。なお、人のオーラが見えたり、守護霊、背後霊などが見えてしまう方々も多くいます。

４．予知能力

人間には、未来に起こる事柄を前もって知ることができる人がいます。そんなことは科学的にあり得ないと思う方が多いと思います。しかし人間は誰でも、少なくとも直近の未来の危険を事前に察知する能力を持っていることが判ってきました。
従来は、視覚や聴覚などで危険の発生を認識した後身体が反応すると考えられてきました。しかし実際には五感で危険を認識する数秒前から潜在意識が危険を認識し、からだの反応が始まることが複数の実験で確かめられています。その仕組みは不明ですが、脳細胞の中に、自分にとって不都合な事態に対して未然に反応する細胞が見つかっているようです。この細胞は無意識下で未来の危険を予知していることになります。
このことは「時間とは何か？」という根本理念にも遡る大きなテーマと考えることもできそうです。

5．念力・サイコキネシス

稀ですが意識の力で物を動かしたり、テレビやラジオのスイッチをON、OFFできる人がいます。念力とかサイコキネシスと言います。中には離れた場所から写真フィルムやポラロイドカメラに、念じた像を写し込む人もいるようです。
1931年三田光一が月の裏側の様子を透視して40Km離れた場所の写真乾板にそのまま念写した時の写真が残っています。後に米国やソ連の月ロケットが撮影した写真と比較すると、あまり似てはいないようですが。
念力は一番信じ難い現象ですが念力のトレーニング法も沢山あります。ただし、念力の現象は手品師がマジックとして再現できるケースも多く、その真偽の確認は難しいようです。
物を動かすのではなく、離れた人を動かすこともできます。この場合はメカニズムが異なりますが、離れて立つ人を「気」の働きで動かすことができます。私も昔やっていた時期がありました。

6．生まれ変り・輪廻転生

皆さんは人間の生まれ変りを信じますか？
米コーネル大のスティーブン・セシ博士（発達心理学）は膨大な生まれ変りの事例を収集し分析・研究しています。
２～３歳の子供が、生まれる前後のことや前世の記憶を語り出すことがありますが、多くの場合親は聞き流してしまいます。常識的にあり得ないと考えてしまうので気にも留めないからです。少数ですが子供の言動を親が漏らさず記録している場合があります。それらを綿密に調査すると、生まれ変りを否定できない事例も多数あるようです。どうしたらそれらを説明できるのでしょうか？
ご承知のとおり、チベットでは輪廻転生が広く信じられており、ダライラマも生まれ変りを前提にして選ばれています。
なお、似ている現象でも、実際には生まれ変りではなく「幼児期健忘」と呼ばれる普通の生理現象で説明できる場合も多いようです。

上記１.から６.は、ごく最近でも複数の大学や研究所の科学者が研究を行っている事例です。その様子がテレビでも時々取上げられています。特にＮＨＫで何度か放送しましたのでご覧になった方もおられると思います。「超常現象　科学者たちの挑戦」や「サイエンス・ゼロ」などです。

実は不思議な現象は他にもいろいろあります。ここでは比較的に事例が多く、また科学者などによる研究・分析が数多く行われてきたものだけを取り上げました。これらの多くは超心理学の分野で、超感覚的知覚、あるいはＥＳＰ（Extra Sensory Perception）と呼ばれるものが中心になっています。超簡単に言えば、いわゆる第六感と言って良いかと思います。
なお超心理学とは、物理学的には説明がつかない、心と物、あるいは心同士の相互作用を科学的な方法で探究するひとつの研究分野です。

＜蛇足＞

上記で取上げたのは、人間なら誰でも持っている隠された能力、通常は表に出にくい未知の能力の一部です。
残念ながら現代人の未知の能力は少しずつ衰えつつあるようです。もともとは生命を維持するための基本的な能力の一部だったと思われます。しかし文明の急速な発達とともに、それらを使わなくても安全に快適に過ごせるようになってきたため衰えてきたものと思われます。

一般に「超能力」と呼ばれる言葉があります。超能力というと、極めて特殊な人間だけが持つ不思議な能力というイメージがあります。そしてマジシャン達の格好のトリック題材になっています。結果としてマジックなのかそうでないのか見分けがつかなくなってきています。
時々ビートたけしなどが出演している民放の「超能力番組」は、興味本位、視聴率重視の面白番組の域を出ていません。超能力ありやなしや？というテーマで、頭の固いどうしの肯定派と否定派が互いに言い争っているだけです。かえって一般の視聴者の誤解を助長しているように思い憂えています。

本書では、超能力という言葉は使わず、人間なら誰でも持っている隠された能力、通常は表に出にくい未知の能力としてご紹介しています。

これまでご説明してきた、テレパシー、リモートビューイング、リーディング、予知能力、サイコキネシス、輪廻転生　などが本当にあり得るとするならば、一体どのような仕組みで起るのでしょうか？
次章で私の仮説をご紹介いたします。思考範囲を大幅に拡げて、宇宙のしくみまで遡りますので少々難解かと思いますが、もしご理解いただければ、様々な不思議が少しずつ納得でき、不思議が減少していくことと思います。

第５章　大宇宙のしくみ＜仮説＞

[５－１]　仮説の前に

これから大宇宙のしくみに関する具体的な仮説をご紹介していきますが、その前に少しだけ前置きとしての補足説明をいたします。突拍子もなく見える仮説を、少しでもご理解して頂きたいと願っているからです。

１．科学と非科学

（１）科学の守備範囲

現代は科学全盛時代といっても良さそうです。科学が高く評価され何でも科学で解明できると考えている方々が増えています。科学で証明できないものは怪しいとまで考える科学教信者の方々もおられます。しかし、科学の守備範囲は限られています。科学の対象は、観測できるものだけであり、主として物質が対象です。第１章でご説明したとおり、宇宙の構成要素のうち、物質（素粒子、原子、分子など）はわずか５％足らずであり、95％は未知のダークエネルギーやダークマターで占められています。
現代科学は、宇宙のほんの一部を解明しつつあるに過ぎないと言っても過言ではないと思います。

（２）非物質の世界

一方、「心」は見えません。心とは何か？　について明確に説明することはできません。自分自身の心でさえその深層がどのようなものか解かりません。生命体（肉体）を見ることはできても、その本質である「いのち」は見えません。日本で昔から「気」と呼ばれている気のエネルギーも見ることができません。
心もいのちも気も観測できないし、客観性も再現性も不十分なため、科学では扱えません。科学は非物質を真正面から扱えないのです。科学の一分野に「心理学」があります。心理学で「心」を追究しているのではないかと思われる方もおられると思います。しかし心理学では主として「人間の行動」を研究しています。心を直接研究できているのではありません。
「心やいのちや気」に関して遭遇する様々な不思議な現象を、どのように説明したら良いのかを考えてくると、現在の既存の科学知識だけでは到底説明出来ないことが明らかです。

（3）非物質の重要性

物質を扱う「科学」が脚光を浴びている現代では、見えないものは「非科学」として片隅に追いやられているのが現状です。科学で説明できないことは怪しい、と遠ざけてしまうと、科学の対象範囲外の見えない世界は除外されて、大きな片手落ちになってしまいます。人間や生命体の真の姿に近づけないことになります。しかし、生き物がいて、人間がいて、心の働きがあって、初めてこの宇宙が真の意味を持つのではないでしょうか？
例えて言えば、科学は見ることができる「物」の表面だけを扱い、見えない内側は知らん振りをしているのに似ています。見えないのだから内側なんて知ったことかとうそぶいているように感じられてしまいます。
そして「科学」と「非科学」は、水と油のように容易には交わりません。
しかし、人間にとって、生命体にとって、見えないもの、すなわち非物質の世界が極めて重要であることは間違いありません。

（4）問題の対象範囲

一般論として、問題に対する解答は一つとは限りません。複数の解答がある場合が多いのです。考える対象範囲の広さによって正解が変わってしまうのです。
例えば、自分自身だけの最適を考えた場合の解答と、自分だけでなく家族全員も含めて最適を求めた解答は異なる可能性があります。同様に家族だけでなく、より広い範囲を考えた場合の解答は、恐らく変化します。

物理学においても、ニュートン力学は地上の普通の現象に対して近似的に適用できます。でも、光速に近い超高速の運動に対しては、ニュートン力学では誤差が大きくなって使い物になりません。アインシュタインの相対性理論が必要になってきます。
残念ながら、ニュートンもアインシュタインもその対象範囲は、物質とそのエネルギーだけしか対象にしていません。見えない非物質は全くの対象範囲外のため、説明できない現象が沢山残ってしまっていると考えられます。
視野が狭いと狭い結論を導いてしまいます。様々な不思議を解明するためには、考える対象範囲を見えない領域まで大幅に拡げる必要があります。
これからご説明する私の仮説は、これまでの科学の成果はそのまま肯定します。そしてその外側に思考範囲を拡げて、物質の世界と非物質の世界を結びつけようとしています。

2．地球意識プロジェクト

「グローバル・コンシャスネス・プロジェクト」（地球意識プロジェクト）をご存じでしょうか？
地球意識プロジェクトは、米国プリンストン大学を拠点にして1999年から本格的にスタートした「意識と物質との相関」を調査する研究プロジェクトです。人間の意識が、素粒子すなわち物質に作用を及ぼすことを実証するのが目的です。
そのために世界各国に「乱数発生器」を配置して、インターネットを介し乱数データをプリンストン大学に蓄積しています。このデータは公開されており、リアルタイムで見ることもできるし、ダウンロードして分析できる様にもなっています。
乱数発生器とは、０と１が並ぶ乱数（無作為に並んだ数字列）を自動的に発生させる装置です。量子論の成果（素粒子のトンネル効果）を応用して設計された乱数発生器の出力は、0と1がちょうど五分五分に発生するように極めて厳密に設計されています。そして温度・湿度などの環境変化はもとより、電磁波や放射線など外部からの影響は一切受けないように設計されています。したがって世界中に設置された乱数発生器は、常に0と1がちょうど五分五分に発生し続ける筈です。

ところが多数の人間の意識が集中すると五分五分ではなく、偏りが発生することが確かめられてきています。2人や3人では乱数発生器の出力は全く偏りませんが、数万人単位の意識が集中するときは、通常は起きないほどの大きな出力の偏りを示します。
事実、2001年9月11日のアメリカ同時多発テロでは、世界中の乱数発生器が大きく偏り、そしてしばらく継続しました。プリンストン大学では、世界的規模の様々な事件、行事、天災などの数百件の事象を分析して有意な偏りを検出しています。2011年3月11日の東日本大震災の際にも大きな偏りを検出しています。
また、大きなイベントでのフィールド実験も行われています。米国のネバダ砂漠の真ん中で毎年行われ、多くの人が参加する「バーニングマン」というイベントがあります。バーニングマンの炎上に大勢の意識が集中する時に、複数の乱数発生器の出力が大きく偏ることが報告されています。このような意識と乱数発生器出力の相関実験は日本でも行われています。
乱数発生器は素粒子の振舞いを応用して設計されているのですから、人間の意識が素粒子に作用を及ぼしていることになります。すなわち、これは人間の意識が物質に作用を及ぼす状況証拠と言って良いと思われます。
デカルト以来、心と物質は無関係であるとして切り離して進歩してきた科学ですが、いま反証を突き付けられているのです。

また、素粒子の世界では、人が素粒子を観測しようとすると、そのこと自体が素粒子に影響を与えるという「観測問題」が知られています。観測とは人の意識によって行われる行動ですから、意識によって素粒子が影響を受けてしまうのです。このことも人間の意識が物質に作用を及ぼす状況証拠を示しています。
大宇宙では、物質だけでなく、人間の心（意識）が重要な働きを起こすことを示唆しているのです。物質中心で発展してきた科学は今大きな難問を突き付けられています。
なお、人間の意識が物質に作用を及ぼすことは、気功や合気道などを継続してやってきた多くの人々が体験し実感してきていることです。

3．コンピュータとインターネット

（1）コンピュータと人間の相似性

コンピュータと人間には、似ているところがあります。
コンピュータのハードウェアは、人間の「身体」に対応し、コンピュータのソフトウェアは、人間の「心」に対応していると考えることができます。
ハードウェアは見えますが、ソフトウェアは、心と同様に本質的には見えません。見えているのはソフトウェアの入った入れ物（ＤＶＤなどのメディア）や、人間に判り易いように表現した見掛け上の画面や映像だけです。
人間の造った「コンピュータ」は、ハードウェアとソフトウェアがあるだけでは動作しません。安定した電気を供給し、さらに適正な情報ラインを接続することで始めてコンピュータらしく機能します。

一方、神様（？）の創った「人間」は、「エネルギー体」（気のからだ）が身体を正常に覆うことで、はじめて生命体として機能します。「エネルギー体」は、生命体にとって不可欠な「エネルギー供給の場」であり、「情報伝達の場」であると考えられます。
コンピュータの場合は、電源や情報ラインのために金属や光ファイバーの電線を引き込む必要がありますが、さすがは神様、電線など幼稚なものではなく、エネルギーの雲で生命体を覆い、エネルギー（電源）と情報を無接触で供給します。それを「エネルギー体」と呼んでいるわけです。エネルギー体は普通の人には見えませんが、気功や合気道などを続けていると、その一部を感じたり見ることができるようになります。

（2）インターネットの特性

インターネットが世界中で急速に普及してきました。
「インターネット」とは、コンピュータとコンピュータをつなぐ地球規模のネットワーク（網目状のつながり）のことをいいます。 ここでのコンピュータは､大型コンピュータだけでなく､パソコンやスマートフォンやタブレット端末などコンピュータ機能を持つ多種類の機器を含んでいます。
わずか30年あまりの間に、インターネットは世界中の多くの人々に利用されるようになりました。今ではコンピュータを単独で使うのでなく、インターネットにつないで使うことが普通になりました。コンピュータを単独で使うのと違って、インターネットで結ばれたコンピュータ同士は、さまざまな情報のやりとりや共有ができ、とても便利だからです。
例えば、様々な情報を調べたり（検索）、情報の交換をしたり（電子メール）、他の人が作ったホームページを見たり、情報や資材を共有することなどができます。

その際、他のコンピュータがどの国の何処にあり、どのような性能を持ち、どのような接続状況にあるかなどハードウェアの配置や状況を知る必要はありません。
インターネットの特長は､「ハードウェア構成や空間や時間」を気にせず､インターネットでつながった世界中のコンピュータとの間で、さまざまな情報の交換が簡単にできる点です。
すなわちインターネットは、地球規模での「情報の交換と蓄積」の場であると考えられます。その情報は、現在だけでなく、過去から未来にわたる様々な情報が含まれます。そしてインターネット上で拡がった情報は、消え難くいつまでも残存し易いのです。後に触れますがこの点はとても重要です。

（3）インターネットと心の相似性

インターネットを総括的に考えると、インターネットと人間の心は似ているところがあります。
インターネットに接続されているコンピュータは、それぞれ自分の情報（ソフトウェアやデータ）を持っています。しかし自分自身が持っていない情報であっても、インターネットを利用することで、他のコンピュータの情報をあたかも自分の情報の如く利用することができます。

人間の心は情報の一種であると考えることができます。人間は個々に心（情報）を持っています。話しかけたり問いかけたりしてコミュニケーションがとれれば、他人の心（情報）の一部を知ることができます。
実は、話しかけなくても潜在意識の世界を通して、他人の心とつながることがあり得ます。
第４章でご説明した深層心理学者「ユング」の「集合的無意識論」は、人の心の深い部分（潜在意識）の更に深い部分は、全人類が共通的に共有していると言っています。
人間の心とコンピュータは、情報の共有という面で良く似ていると考えることができます。

（4）クラウド・コンピューティング

最近クラウド・コンピューティングという言葉が良く使われています。クラウドは「雲」のことですが、ここで言うクラウドは、インターネットとその内部に含まれるコンピュータ群の情報全体を指しています。すなわち、インターネットに接続されているハードウェアや接続状況など個々の中身を一切意識することなく、インターネットをひとかたまりの「雲」と捉え、情報の集合体と考えます。
自分のコンピュータの情報の一部を、自分のコンピュータでなくインターネットの雲に移動して、必要に応じてどこからでも取り出して利用することを、クラウド・コンピューティングと呼んでいます。そうすれば自宅のコンピュータだけでなく、外出先でスマホやタブレット端末などからでもクラウドの情報を取り出して利用することができます。結果的に自分のコンピュータの記憶装置を小さくして、クラウドの記憶装置をちゃっかり利用していることになります。
実はこのことは、人間の潜在意識の世界と良く似ています。潜在意識の世界は、言わば大宇宙の情報システムであると考えることができます。人間の心の世界はインターネットやクラウドのしくみと良く似ているのです。

4．大事なたとえ話（見えないけれど重要なもの）

私たちの身体は目で見えますが、心やエネルギー体は見えません。見えないものは理解できない、信じられないと言う方もおられると思います。でもこの宇宙は、見えないものの方が実は多く、かつ重要であると考えられます。
第２章でも触れましたが、素粒子など極微の世界、理解し難い世界では、たとえ話が重要です。物理学者もたとえ話を多用して解かり易く説明しようとしています。

次は私のたとえ話です。とても重要です。
私たちは、雲や霧を見ることができます。そしてその実体は、空中に浮かんだ小さな水滴の集合体であることを知っています。でも水滴が生じるためには、その周囲に膨大な量の水蒸気が存在する必要があります。水蒸気が少なければ水滴も少なくなります。水蒸気が無ければ水滴は全くできません。見える水滴の背後に、見えない水蒸気の存在が不可欠なのです。
これは物質レベルでの例え話ですから次元が違いますが、私たちの身体の背後に、見えないけれども「気」の存在、そして「エネルギー体」（気のからだ）の存在が不可欠なのです。
それだけでなく、分子や原子や素粒子など全ての物質は、その背後にそれぞれに対応した「気」すなわち「エネルギー」の存在が不可欠なのです。

［５－２］ エネルギー、空間、物質

これからいよいよ「宇宙」のしくみに関する私の仮説をご説明していきます。
これまでの「宇宙」という言葉は、恒星や銀河や銀河団などの「天体」と、その構成要素である「物質」を主な対象にしています。それら宇宙に対する最新科学の成果は基本的にそのまま肯定します。
これら「物質」を対象とした「宇宙」に、非物質の「心や意識や気やいのち」を加えた「大宇宙」のしくみを考察していきます。
そのために概念を大幅に拡張していきます。例えば、「心」や「意識」や「気」や「いのち」などの「言葉」の意味合いを、普段使われている意味から大幅に拡張していきます。

抽象的な概念が多いため少々難解かと思いますが、もし仮説をご理解頂ければ、これまで眺めてきた様々な不思議が少しずつ氷解し、不思議が減少していくことと思います。

<<仮説１>>
宇宙空間に「根源のエネルギー」が拡がっている。

（１）私たちの知るエネルギーは、太陽エネルギー、運動エネルギー、熱エネルギー、電気エネルギー、化学エネルギー、原子核エネルギーなど、物質の変化に伴うエネルギーですが、「根源のエネルギー」は物質

の存在を前提にしません。物質が全く無い空間にも拡がっています。宇宙空間は「根源のエネルギー」で満たされていると考えます。

（2）もし宇宙空間が拡がれば、「根源のエネルギー」も拡がった空間全体に拡がります。
「根源のエネルギー」は空間そのものに備わった空間エネルギー、あるいは空間の潜在エネルギーと考えることもできます。

（3）「根源のエネルギー」は、見ることはもちろん、直接観測することもできません。その理由は、[仮説２]によります。

<<仮説２>>
「根源のエネルギー」は３次元よりも次元の高い「高次元の空間」に拡がっている。

（1）高次元の空間の具体的な次元数は不明です。
４次元なのか、５次元なのか、10次元なのか、あるいはもっと高次元なのか分かりません。

（2）「根源のエネルギー」は高次元の空間に拡がっているので、３次元空間の制約を受けている私たち人間は、高次元の「根源のエネルギー」の存在を観測することができません。

（3）人間は４次元以上の空間を認識できませんから、高次元空間が何次元であったとしても、その次元数の違いを感覚的に知ることはできません。
しかし理論的には別です。第２章で既にご説明したとおり、究極の理論として期待されている「超ひも理論」では、９次元または10次元の空間を前提にしています。そう仮定しないと物質の根源を説明できないのです。

<補足>

一般に低次元空間に住む生命体は、高次元の現象や存在を認識することが原理的にできません。
私たちは、縦、横、高さの３次元（X,Y,Z軸）の空間に住んでいます。仮に私たちが３次元ではなく１次元低い、２次元の世界に住んでいると仮定しましょう。２次元は面を表し高さの概念がありません。したがって、面上の物質や現象は認識できますが、たとえ１cmでも面から離れた物質や現象は全く認識できません。
もし、３次元空間に浮かぶ物体が、たまたま２次元面と交差すると、その交差部分だけは認識することができます。２次元面の範囲だからです。
また、高次元の物体の影が２次元の面の上に投影されれば、その影は認識できます。でも、あくまで影に過ぎないので、形や色などの情報は大幅に減少します。
私たちが「気」を感じることができるのは、３次元空間に投影された高次元の気の影や交差部分を感じていると考えることができます。第１章[１－７]次元の不思議　参照。

<<仮説３>>
「根源のエネルギー」が凝集すると物質が生ずる。
全ての物質の背後に「根源のエネルギー」が集約する。

（1）前節の例え話のとおり、雲や霧の実態は小さな水滴の集合体です。水滴が生じるためには、その周囲に膨大な水蒸気が存在する必要があります。見える水滴の背後に、見えない水蒸気の存在が不可欠です。条件が整うと、水蒸気が凝縮して水滴になります。条件が崩れると、水滴が蒸発して水蒸気に戻ります。

（2）同様に次元こそ違いますが、条件が整うと根源のエネルギーが凝縮して素粒子が生じます。条件が崩れると、素粒子が消滅して根源のエネルギーに戻ります。

（3）そして「素粒子」の背後には、その素粒子を成り立たせるための「根源のエネルギー」が集約していると考えます。その根源のエネルギーは、その素粒子に関する情報を含んでいます。

（4）素粒子が集まってできる全ての「原子」の背後にも、それに対応した原子の「根源のエネルギー」が集約して、その原子に必要な情報を保持しています。原子が集まってできる「分子」の背後にも、それぞれに対応した分子の「根源のエネルギー」が集約して、その分子に必要な情報を保持しています。分子が集まってできる「物質」の背後にも、それぞれに対応した物質の「根源のエネルギー」が集約して、その物質に関連する膨大な情報を保持しています。

（5）根源のエネルギーが素粒子に凝縮するための具体的な条件は不明です。
雲や霧の場合は、気温や相対湿度や気圧などで生成条件が規定されます。しかし根源のエネルギーの場合は高次元の世界ですから、３次元空間に住む私たち人間には、具体的な生成条件が解からなくて当然と考えます。

<<仮説４>>
物質は３次元空間＋時間の制約を受ける。
非物質は制約を受けずに高次元空間に拡がる。

（1）物質は３次元空間にのみ存在できます。４次元以上の高次元空間に物質が入り込むことはできません。高次元空間は精妙微細な空間であり、粗い物質は入り込めないと考えます。

（2）物質が存在できる３次元空間においても、物質のサイズを無限に小さくすることはできません。物質として存在できる最小限界のサイズは、10^{-33}cm程度までです。（プランク長と呼ばれています。）

（3）それ以下のサイズは高次元の空間にしか存在できません。人間にとって高次元空間は異次元の領域であり、その様子を観察したり認識することはできません。

（4）私たち人間の肉体は物質でできていますので、３次元空間＋時間の制約を受けます。ただし、心や意識や気は非物質なので３次元空間＋時間の制約を受けません。高次元空間にまで拡がります。

（5）第２章で眺めてきた素粒子などミクロの世界は、３次元空間と高次元空間との境界領域と考えられます。そのために人間から見ると直感的に理解できない不思議な現象に満ち溢れていると考えられます。３次元空間の制約を受けている人間が、高次元に属する不思議を完全に究明できなくて当然なのです。第２章[２－６]ミクロの世界の不思議　参照。

<補足１>　時間の流れ

物質は形を持ち、生成、変化、消滅します。そのために３次元の物質次元では、時間が過去－現在－未来と１方向へ流れる必要があります。因果関係が明確に成り立つ必要があるからです。
したがって「時間の流れ」は、物質次元である３次元空間においては必要になりますが、高次元空間では時間の流れの概念が薄まると考えられます。
ひょっとすると高次元での現象は、過去、現在、未来のどの時点として特定できるのではなく、何時でも何処でも並行的に起き得ると考えた方が近いのかも知れません。

<補足２>　光速度

あらゆる物質や情報は、真空中の「光速度」よりも速く伝播することは不可能であると考えられてきました。光速度は宇宙における最大速度であり、時間と空間の基準となる特別な意味を持つ値と考えられています。これはアインシュタインの相対性理論の大前提になっており、物質レベルでの話です。すなわち、３次元空間＋時間の世界の話です。第２章でご説明したように、光の実体である「光子」（フォトン）は素粒子であり物質とみなせるため制約ができるのです。
一方、高次元空間では、３次元空間と時間を超越しますので、非物質である心や意識は、光速度の制限を受けないと考えられます。
すなわち、心や意識は、光速度を超えて瞬時に宇宙空間に伝搬すると考えられます。

仮説はまだまだ続きます。ご理解頂けない仮説も多いと思います。次の第６章で各仮説に対する代表的な疑問点を挙げて、Ｑ＆Ａを付記しています。

［５－３］気、心、情報

<<仮説５>>
「根源のエネルギー」は万物の根源であり、「気」とも呼ぶ。
水の海に例えて、宇宙空間を「気の海」と考える。

（１）「根源のエネルギー」は万物の根源であり、物質形成、宇宙形成、生命体創出、意識形成など様々な働きの根源です。その働きを含めて「根源のエネルギー」を「気」と呼びます。

（２）「気」は宇宙空間に一様に拡がっていますので、宇宙空間は「気の海」であり、様々な働きの舞台であると考えます。

(３)「気」はエネルギーそのものですから本質的に動的であり、「気の海」は絶えず動いていると考えられます。水の海が絶えず動いているように、「気の海」は宇宙全体に拡がり絶えず動いている、振動していると考えます。

<補足>

(１)「気」のつく日本語の言葉は数え切れないほどたくさんあります。
そして「気」の表わす意味・概念も広範囲に及びます。
その中で「気」の意味する最も「純粋、深奥、根源的」なものは、万物の大元である「根源のエネルギー」を指していると考えられます。
すなわち、「気」という言葉の根底には、「根源のエネルギー」があります。

(２)「気」には様々な働きや変化のレベルがあり、それらが言わば多層構造となって、この複雑な宇宙と生命体を成り立たせていると考えます。

(３) 水の場合で例えてみます。水は温度や圧力が変化すると、液体だけでなく、個体(氷)や気体(水蒸気)にも変化します。１つの水分子も状況により様々な相変化を行い、全く異なる姿を表わします。
また水の分子は多くの場合、ひとつひとつが単独で存在しているのではありません。多数の水分子が集合して「クラスタ」と呼ばれる様々な大きさの集合体になっています。
それらが集合して川や海の水や水道水になっています。

(４)「気」の場合は高次元のため、観察することはもちろん、想像することさえできませんが、同様に様々な形態、相、構造などに相当する「変化」があり得ると考えます。

<<仮説6>>
「気の海」の振動を「心」と総称する。
「心」は「気の海」の振動に基づく「情報」を持つ。

（1）「気」と「心」の関係は、「水」と「波」の関係に似ていると考えると判り易いと思います。
海の水には様々な振動や動きや流れがあります。海の表面では、小さなさざ波や、大きな波、巨大な津波もあります。海の中にも動きがあります。小さな流れ、海流、深層海流、渦巻き流など様々な動きがあります。その動きがさらに別の動きを誘導します。これらの振動、動き、流れは、それぞれに応じた「情報」（意味）を持っているとも考えられます。

（2）同様に広大な「気の海」にも様々な振動、動き、流れなどがあり、それらを「心」と総称します。心は振動であり、多様な情報を持っています。
「気」は根源のエネルギーですから、「気の海」はエネルギーと情報を併せ持つことになります。

（3）ここでの「心」は、脳に浮かんだ表面意識など私たちが普通に使う「心」を当然含みますが、その範囲をさらに大幅に拡張しています。「気の海」は宇宙全体に拡がっているのですから「心」も宇宙全体に拡がり得ると考えます。

次の仮説でご説明しますが、私たちが「脳」で考えたことは、脳の中だけでなく、宇宙全体に拡がると考えます。信じ難いと思われる方が多いと思いますが、そのように考えると様々な不思議が氷解していきます。

<補足>　振動と「心」

上記の仮説は考え方を大幅に拡張していますので非常に判り難いと思います。

(1)音波は空気の振動であり、その振動が音として情報を運びます。電波も同様です。振動や動きや流れはそれ自身情報を運びます。

(2) 1本の「ロープ」を床に伸ばして、片方の端を手で揺すると、次第に動きが波のように伝わっていきますね。手の揺すり方を変化させると、ロープの波の形が様々に変化します。波の形が情報を表わしています。

(3) 1次元のロープでなく、2次元の「布」でも同様です。縦横10mの正方形の大きな布を用意して、その周囲に40人が取り巻きます。1辺に10人、4辺で合計40人が立ち、布に向き合います。それぞれ自分の前の布端を手で持って揺すると、布が様々な振動を起こします。40人の揺すり方によって実に様々な、そして複雑な模様を描き出すことができます。

(4) 3次元でも4次元でも同様です。次元が高くなればなるほどさらに複雑な振動、模様が発生し多様な情報が生み出されることになります。それを「心」と総称します。
「気の海」は高次元ですから、その振動も超多様な情報を持つと考えられます。

<<仮説7>>
脳細胞の活動は振動となって「気の海」に拡がる。
脳細胞のネットワークはアンテナの役割を果たす。

（1）脳細胞は生きており絶えず動いているので「振動」していると見做すこともできます。多数の脳細胞が様々に振動すると、前記の大きな「布」と同様に、脳細胞空間に多様な模様が生じます。それが「心」（表面意識＝顕在意識）の元になると考えられます。

（2）実はここから先が極めて重要です。
テレビやラジオやスマートフォンなどは電波を使用していますね。
電波は、アンテナ内部の「電子」の振動が周囲の空間に拡がった電磁界です。電子が振動すると、その周囲に電磁界が発生してそれが時間とともに周囲に拡がって電磁波となります。

（3）脳細胞（ニューロン）は電気的、化学的に活動しますので、絶えず無数の電子が動きます。したがって、脳細胞の「電子」の振動が周囲に伝わり電磁波となります。脳磁計はその磁気を高感度のセンサーで検出して脳磁図を作成し、治療に役立てています。

（4）同時に脳細胞が活動すると、膨大な「気」が振動して「気の海」すなわち宇宙空間に拡がり「心」（情報）になると考えます。
脳細胞は他の細胞に比べて桁違いに長く伸びており、かつ複雑に枝分かれして脳細胞同士で結びつき、超複雑な「脳細胞ネットワーク」を構成しています。この脳細胞ネットワーク自体がアンテナになると考えます。

（5）脳細胞の活動は多岐にわたります。感覚、感情、好き嫌い、判断、意欲など様々です。それらに応じて脳細胞は絶えず複雑に振動して、脳細胞だけでなく気の海へ情報が拡がっているのです。
それらを総称して「心」と呼びます。

（6）アンテナは電磁波を発信するだけでなく、外部からの電磁波を受信することができます。同様に脳細胞は、「気の海」すなわち宇宙空間に拡がっている「心」と共鳴して情報を受信することができます。

（7）現代科学は物質中心ですから、脳細胞の活動だけに焦点をあてています。脳に浮かぶ狭い「心」しか考えていません。そして心の究明がなかなか進展していないように見えます。
当然、脳と心は密接に関係しますが、私の仮説では、「心」は肉体の脳の範囲だけでなく、外側の「気の海」へ拡がっていると考えます。「心」は脳の活動を包含し、さらに「気の海」に、宇宙空間全体に拡がっていると考えます。

<補足1>　重要な脳の働き

脳の働きにはいろいろありますが、特に下記の２点はとても重要と考えています。

（1）脳は生きた細胞でできた一種のコンピュータであり、肉体レベル、物質レベルの情報処理装置といって良いと思います。脳は、情報を変換し、取捨選択し、加工し、記憶し、活用します。脳に浮かぶ表面意識は、顕在意識とも呼ばれますが、それは心の表層のほんの一部であり、心の本体と本質は高次元の「気の海」に拡がっていると考えます。

（2）脳は物質である脳細胞と、非物質である心を結びつける一種の変換装置であると私は考えています。電磁波はアンテナから発射されます。また空間を飛び交っている様々な電磁波はアンテナで受信されます。脳神経細胞で構成される脳表面の多層空間は、気の海との情報変換を行うためのアンテナの役割を果たすと考えます。脳細胞の活動が気の海へ拡がるだけでなく、気の海の振動がアンテナを通して脳細胞に伝わります。

図４ 脳細胞の活動

A：アンテナから発射される電磁波

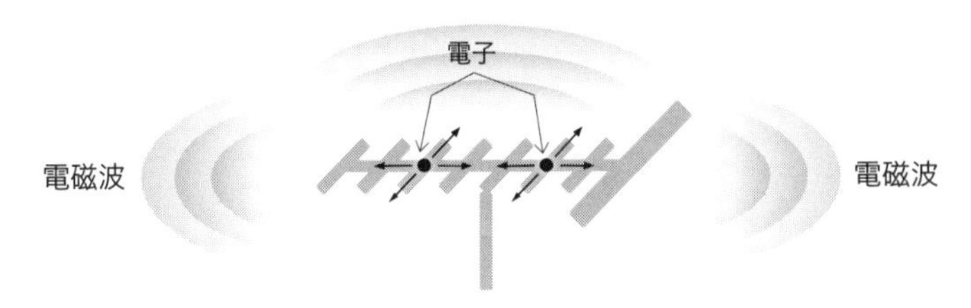

アンテナ内部の「電子」が振動すると電磁界が発生して周囲に拡がり電磁波となる。

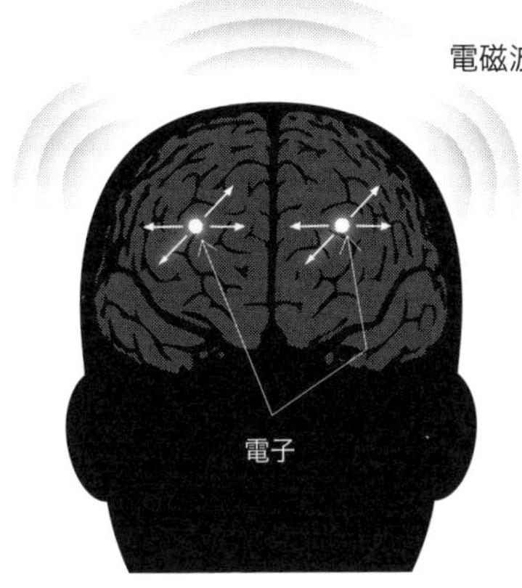

B：脳細胞の活動によって「電子」が振動して電磁波が拡がる。（３次元空間）

脳細胞の活動によって、電流が流れ電子が振動するので電磁界が発生する。
脳波計は電位を測定し、脳磁計は磁気を測定する。

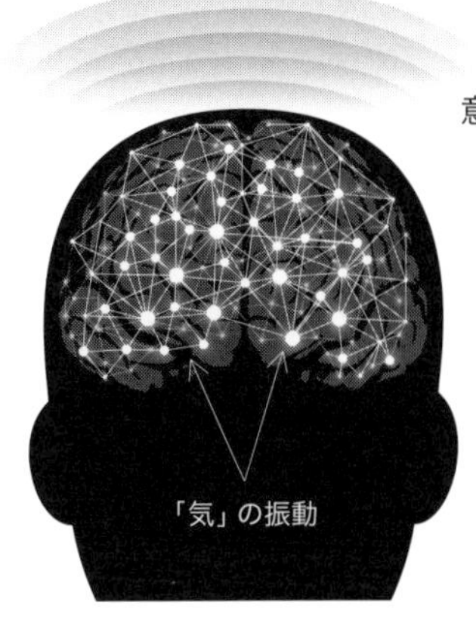

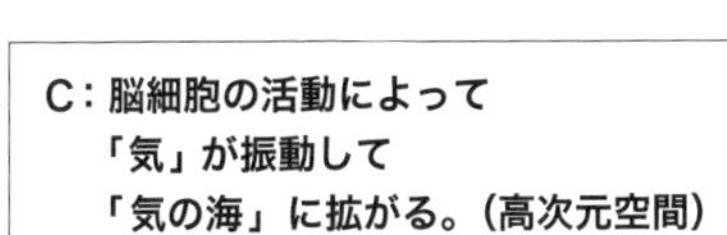

脳細胞の活動によって、無数の「気」が振動して「気の海」に拡がり､「心」､「意識」となる。

＜補足２＞　記憶

「記憶」のメカニズムはまだ良く解かっていませんが、一般的に脳細胞群の中に記憶されていると考えられてきました。しかし私の仮説によると、脳内だけでなく「気の海」にも記憶されていると考えられます。むしろ記憶の多くは脳内よりも「気の海」に記憶されていると考えられます。

このことは、［５－１］３．でご説明したコンピュータとインターネットの雲（クラウド）の関係に良く似ています。自分のコンピュータの情報の一部を、自分のコンピュータでなく、インターネットの雲に移動して、必要に応じて取り出して利用することができます。そうすることで、自分のコンピュータの記憶装置は小さくても、クラウドの記憶装置を最大限に活用することができます。
脳の場合も、有限な脳細胞だけでなく、無限に拡がる「気の海」に情報を記憶することができるのです。
実際に、私たち人間の脳細胞の数は150億個ほどで有限なのに、記憶容量の限界を感じることはありません。想い出せるかどうかは別の問題と考えれば、いくらでも記憶できそうな気がします。人間の記憶容量が大きく感じられる秘密は「気の海」だったのです。脳細胞の数は有限ですが、「気の海」の記憶容量は無限に大きいからです。
なお､「気の海」による記憶には､後で述べる「仮説１３」が関係します。

<<仮説８>>
心（意識）によって気が誘導されエネルギーが動く。
心（意識）は物質に影響を及ぼし得る。

（１）水の分子が動いて波ができ、波によって水の分子自体も動かされます。また津波は海の水の動きや流れによって発生し、それ自身巨大なエネルギーを運びます。

（2）水の流れと同様に、気の海にも流れがあります。流れによって「気」自体も動かされます。気の海の動きは「心」ですから、「心」によって「気」は動かされる、誘導されることになります。そして同時にエネルギーを運びます。「気」はエネルギーそのものだからです。

（3）気功や気の武術などを継続していると、心（意識）によって「気」が誘導されることを実際に体感することができます。心を集中する時の気の威力の凄まじさを実感できるようになります。
「意識が気を導く」ことは、太極拳の基本原理になっています。
なお、「意識」に関しては「仮説９」でご説明いたします。

（4）心（意識）によって素粒子すなわち物質に影響を及ぼし得ます。既に[５－１]２項でご説明した「地球意識プロジェクト」の実験が証明しています。素粒子は物質の最小単位ですから、それらが集合した原子や分子や物体が、心（意識）によって影響を及ぼされても不思議ではありません。すなわち心（意識）によって、物質を変化させたり動かせる可能性があります。

（5）数万人以上の人が集まり、心（意識）を集中したときに物質に影響が出易くなります。「地球意識プロジェクト」の実験でも、少人数では影響がありませんが、数万人規模の心（意識）が集中すると素粒子に影響が及ばされます。

（6）もし、心（意識）の集中が強力にできれば、たった一人でも物質を動かすことは不可能ではなさそうです。まだ必要条件が解かっていませんが、念力やサイコキネシスと呼ばれる現象はあり得ると考えられます。

＜補足＞　エネルギーの相違

一般のエネルギーと根源のエネルギー（＝気）との相違は何でしょうか？

「仮説１」で述べたように、私たちが日常で使う「エネルギー」は、物質に関わるエネルギーであり、３次元空間において働きます。太陽エネルギー、運動エネルギー、電気エネルギー、化学エネルギー、原子核エネルギーなどです。
一方、「根源のエネルギー」（＝気）は物質の存在を前提とせず、高次元空間にまで拡がります。もちろん、３次元空間においても働きます。
「心や意識や気やいのち」などは、高次元空間に拡がる「気の海」の存在を必要条件にしています。これらは、気の海の振動そのものだからです。

ここまで読まれて皆様はどのように感じられましたでしょうか。突拍子もない破天荒な考えだと思われる方が多いと推察します。私自身も確かにそう思います。
しかし、これまで第１章～第４章でご説明してきた、宇宙、物質の根源、生物、人間に関する様々な不思議、未解明の疑問点は、現代科学ではほとんど説明不可能です。
でも、本章でご説明している合計21の仮説を総合すると、多くの不思議が少しずつ氷解し納得できるようになると思います。
逆に仮説のように考えないと、不思議がほとんど解消できないのです。
この仮説群は、物質の世界と、非物質の世界を結びつける「統合宇宙論」と考えることもできます。

［５－４］ 意識、潜在意識、気のからだ

<<仮説９>>
生命体に生ずる心を「意識」と呼ぶ。
意識の主体を「自我」と呼ぶ。
生命体は自我を中心にして生命活動を営む。

（1）「心」は気の海の振動、動きですから、宇宙全体に拡がっています。宇宙いたるところに心が拡がっており、絶えず振動し変化しています。特に、生命体に生ずる心のまとまりを「意識」と呼びます。意識は心の一部です。広い「心」の中に、生命体ごとの無数の「意識」があると考えます。

（2）意識の主体を「自我」（私）と呼びます。
生命体は自我を中心にして生命活動を営みます。

（3）現代の多くの科学者は、生命体の中で「意識」を持つのは、人間と一部のサルの仲間だけであると考えているようです。それ以下の生物は意識を持たず、機械仕掛けの玩具のように、定められた反応と動きをするだけと考えているようです。しかしそれでは動植物や単細胞生物などの見事な生命活動や様々な不思議を説明することは困難と思います。

（4）人間の「意識」の状態は、通常の意識状態の他にいくつか異なる状態があります。就寝時の意識状態、臨死時の意識状態、瞑想時の意識状態などは通常時とは全く異なります。宗教修行や気功や瞑想などをしていると、意識が拡大して様々な不思議な現象を体験することが多くなります。変性意識状態などと呼ばれますが、詳細は省略いたします。

<<仮説１０>>
全ての生命体は意識を持つ。
脳を持つ動物は顕在意識と潜在意識を持つ。

（1）私は、全ての生命体は「意識」を持っていると考えています。もちろん生物の種によって意識の濃い、薄いの差はあると思います。動物はもちろん、植物や単細胞生物でさえ、それぞれの「意識」を持っていると考えています。

第３章でご説明した「粘菌」は、単細胞ながら環境に応じて実に様々な変化をします。「意識」があるからこそ、環境変化に対応して見事に生き抜いてこられたと考えています。

（２）脳を持つ動物の場合、脳は顕在意識（＝表面意識）の主役となります。顕在意識は、主として脳の神経細胞の活動によって生じます。顕在意識は、物質である脳の働きが主役ですが、非物質である心（意識）との相互作用もあります。神経細胞の動き（振動）が周囲の「気の海」に広がり、心となり意識となります。

（３）脳を持つ動物は、顕在意識の他に潜在意識も持ちます。
潜在意識は脳だけでなく、脳の外側の「気の海」に拡がっています。意識の主体である「自我」でさえも、潜在意識の中身はほとんど認識できないため「潜在」の２字がついています。
潜在意識は「気の海」の振動ですから、宇宙空間全体に拡がっています。そして驚くような様々な特性をもっています。後にご説明します。

（４）顕在意識の舞台は主として脳であり、潜在意識の舞台は「気の海」すなわち宇宙空間そのものです。前者は物質であり、後者は非物質であり脳の外側に拡がって存在します。全く異質です。

（５）脳を持たない動物や植物や単細胞生物は、顕在、潜在の区別のない、それぞれの「意識」をもつと考えます。
単細胞生物の場合は、細胞自体、あるいはその内部構造の振動が、気の海に拡がっていると考えられます。当然のことながら振動は微弱ですから「気の海」に拡がる「意識」も微弱と考えられます。

（６）その具体的な仕組みは解かりません。また細胞のどの部分がアンテナの役割を果たしているのかさえ現段階では解かりません。細胞全体なのか、外側の細胞膜なのか、内側の粘液なのか、細胞内小器官なのか良く解かりません。３次元空間の制約を受ける人間が、高次元の仕組みを理解できなくて当然と考えます。

<補足>　細菌たちの「意識」

脳を持たない動物や植物や単細胞生物が、それぞれの「意識」をもつという根拠の１つは下記です。
20世紀前半に「ペニシリン」が初めて実用化されました。「ペニシリン」は病原性細菌を退治する抗生物質の第１号でありその有用性は素晴らしいものでした。しかし間もなく、ペニシリンが効かない「薬剤耐性菌」が現われました。それに対応してペニシリンの代わりに「メチシリン」が開発されました。しかしこれも効かない新たな「薬剤耐性菌」が現われ、今度は「バンコマイシン」を開発しました。しかしこれさえ効かない「多剤耐性菌」が出現しました。現在これに効く薬剤は開発できていません。

脳はもちろん、眼さえ持たない「単細胞の細菌」が、21世紀の人類の知能に対抗しているように見えます。そして環境に対応して驚異的な速度で遺伝子を変化させ、進化を遂げているのです。ダーウィンの偶然による突然変異と自然淘汰だけでは、何万年、何百万年とかかる進化を、わずか数十年の間に矢継ぎ早に成し遂げています。偶然の突然変異でなく、明らかに強い意志をもって最短時間で進化しています。単細胞の細菌でさえ、「意識」を持ち、高度な知性を有しているように見えます。それとも全くの偶然なのでしょうか？

実は「抗生物質」は人間が創ったのではなく、青カビや放線菌など細菌類が自らを守るために体内で合成したものです。人間はその成分を抽出して薬剤化したのに過ぎません。大自然では単細胞の細菌たちが、互いに競い合って攻防を繰り広げ、猛スピードで進化を遂げています。細菌は明らかに「意識」を持っているように見えます。科学者たちはこの事実をどう説明するのでしょうか？

<<仮説１１>>
すべての生命体は「気のからだ」に包まれている。
「気のからだ」は「肉体のからだ」にエネルギーと情報を供給する。

（1）人体（生命体）を下位から上位へ層分けすると、素粒子、原子、分子、高分子、細胞、器官、臓器、人体にレベル分けすることができます。
「仮説３」のとおり、素粒子の周囲には、その素粒子を成り立たせるために「根源のエネルギー」（＝気）が集約して、素粒子固有のエネルギーと情報を保持しています。
そして素粒子が集まってできる原子や分子も同様に、「根源のエネルギー」（＝気）が集約して、それぞれの原子や分子の固有のエネルギーと情報を保持しています。

（2）同様に、私たちの身体を構成する全ての「細胞」の周囲に、それぞれに対応した細胞の「気」が集約しています。細胞が集まった「器官」にも「気」が集約しています。「臓器」にも臓器を成り立たせるための「気」が集約しています。「人体」にも人体を成り立たせるための「気」が集約しています。
これらの「気」は、それぞれのレベルの「エネルギーと情報」を持っています。そして多層構造を構成しています。

（3）すなわち、素粒子の「気」、原子の「気」、分子の「気」、細胞の「気」、器官の「気」、臓器の「気」、人体の「気」などが重なり合い、多層をなしてそれぞれの物質や生命体を成り立たせていると考えます。これらの総体を「気のからだ」と呼びます。

（4）生命体は、「肉体のからだ」と「気のからだ」と「いのち」で成り立っていると考えます。
「気のからだ」は「肉体のからだ」に、肉体に関するエネルギーと情報を供給します。
なお、「いのち」については、「仮説１５」でご説明します。

（5）「気のからだ」を分解して考えることができます。
例えば、胃、肝臓、眼、脊柱、骨盤、筋肉、神経系などに対応して、それぞれの「気のからだ」が対応します。そして、それぞれの「気のからだ」を調整することによって、それぞれの「肉体のからだ」の不具合を軽減することができます。

＜補足＞　気のからだの存在場所

（1）「気のからだ」は「気」でできているので高次元に拡がっています。したがって、「気のからだ」が空間の何処に存在するのか、３次元の私たち人間には判りません。
「気」は３次元空間を超越しているからです。理論的には広く宇宙空間に拡がっていると考えられます。
しかし便宜上、肉体のからだの近傍で、肉体を包み込むように拡がっていると考えても良いと思います。

（2）「気のからだ」は「意識」によって変化します。「意識」によって拡大したり縮小したりします。気のからだは見えませんし、かたちもハッキリしませんが訓練によって感じることができます。例えば、丹田を意識して、丹田の気を拡げようと思うと、実際にお腹の前方に丹田の気が大きく拡がるのを感じます。また眼力を鋭くして前方を凝視すると、視線に沿って眼から気が伸びていくのを感じることができます。

［５－５］　意識の特性

<<仮説１２>>
人類の「意識」は互いにつながり得る。

（1）「仮説１０」の通り、人間の顕在意識の中心は脳であり、潜在意識の中心は「気の海」すなわち宇宙空間そのものです。前者は物質ですが、後者は非物質であり脳の外側に拡がっています。全く異質です。

（2）「気の海」の振動が「心」であり「意識」です。
「気」は高次元空間に広がっていますから、全ての人の「意識」、「潜在意識」は、「気の海」の中で重なり合っていると考えられます。したがって、各個人の「意識」は条件によっては他の人の「意識」とつながり得ると考えられます。

（3）似ている話ですが、私たちの周囲の空間には様々な電波が飛び交っています。テレビやラジオやスマホやレーダーなど様々な異種な電波が重なるように飛び交っていますが、私たちは普通そのことを全く意識しません。でも適当な同調回路（選択機能）を持った受信機があれば、好きな電波を選択して受信することができます。

（4）次元は違いますが、「意識」は「気の海」の振動ですから、高次元の電波に相当すると考えることもできます。電波と同様に人類の意識や潜在意識は、条件が整えば互いにつながり得ると考えられます。

（5）コンピュータに例えると、顕在意識は自分のコンピュータ内部の働きであり、潜在意識はコンピュータの外側の広大なインターネットの雲（クラウド）の働きと考えられます。
インターネットは、地球規模での「情報交換と蓄積」の場です。潜在意識も同様に、全ての人類や生命体の意識が重なり合うように拡がって情報を保持しています。したがって条件が整えば、自分だけでなく他の人の潜在意識との間で情報交換することが可能であると考えられます。

（6）以前ご説明した、人の心を読み解く「リーディング」も、「意識」がつながり得ると考えれば不思議ではなくなりますね。相手の心とつながる技術やノウハウの問題であり、根本の原理は今までご説明してきた通りです。ラジオの周波数を合せるように、心の波長を合せればよいのかも知れません。技術が整理され簡素化されれば、多くの人がリーディングできるようになるかも知れません。

（7）深層心理学者ユングの「集合的無意識論」は、人の心の深い部分（潜在意識）の更に深い部分は、全人類が共通的に共有しているというものです。しかしユングは、何故そうなるのかに関しては説明できていません。
私は、今までの仮説に基づけば「当然」であり何も不思議ではないと考えています。
「心」は高次元の宇宙に広がる「気の海」の振動であり、空間を超越しているのですから、遠く離れた人々の「心」がつながっても不思議ではありません。
すなわち私の一連の仮説は、「ユング」の集合的無意識論に理由付けをしていることになります。そして「ユング」のように潜在意識の底のさらに深い部分だけでなく、もっと共有範囲は広く「意識」全体に拡がる可能性を示しています。

更に「心」は空間を超越しているだけでなく時間も超越していると考えられます。次の「仮説１３」でご説明します。

<補足>

（1）[仮説１２」 は、人類の「意識」は互いにつながり得る　というものですが、人類だけでなく「意識」を持つ生命体同士なら、つながり得るとも考えられます。

（2）「種」が同じ生物どうしであれば、つながり易くなります。「種」が異なればつながり難くなりそうですが、不可能ではないようです。ペットなど動物の「心」を読み解くことのできるアメリカ人女性が時々テレビに登場しています。

（3）単細胞の細菌類の場合、眼や耳などに相当するコミュニケーション専用手段は持っていません。しかし多くの細菌類は、個別にバラバラに行動するのでなく全体として統制のとれた活動をしているケースが多くあります。この場合も「意識」がつながっていると考えることができます。

<<仮説１３>>
「意識」は消えずに残り得る。

（1）「心や意識」は気の海の振動ですから、高次元空間に拡がっています。
人間の肉体は「３次元空間と時間」の制約を受けますから、高次元に拡がる「心や意識」が何処に存在するのか認識することはできません。すなわち、人間から見て「心や意識」は「３次元空間を超越」しています。

（2）同様に「心や意識」は「時間を超越」しています。何故なら、３次元空間と時間は、物質にとっての制約ですが、高次元の現象はこの制約を受けないからです。３次元の世界に住む私たちの抱く「時間」の概念は高次元では全く変質してしまいます。

（3）そして驚くべきことに、「心や意識」は消えずに残り得ます。少々理解しづらいかもしれませんが、高次元空間の性質であると考えます。

「時間の流れ」があるからこそ、何かが生まれたり消えたりします。もし「時間の流れ」がなければ、生じたものはそのまま残存するのです。

（4）生命体の「意識」は、生きている間も、死んだ後も宇宙空間に残ります。脳で発生した顕在意識も、脳の外側の潜在意識も、「気の海」に残ります。動画を記録したメディアのように、「意識」の全ての瞬間が宇宙空間に残るのです。再生できるかどうかは別の問題です。

（5）亡くなった人の意識も宇宙空間に残るのですから、過去地球上に生きた全ての人の意識が、宇宙空間＝「気の海」に残り得ます。「気の海」は人やその他の生命体の意識で溢れかえっていると考えられます。

（6）したがって、100年前、1000年前に生きた人々の意識と、私たちの現代の意識がつながり得ます。実際に、過去に生きた人々の心をリーディングすることができるようです。

（7）このことは、インターネットの情報と似ています。例えば、今日インターネットに投稿した記事も、10年前に投稿した記事も、記事としては同格であり、削除しない限り記事はいつまでも残るのと同様です。ある記事をインターネットに投稿すると、様々な閲覧者が検索します。ある人はコピーして自分のコンピュータに保管したり、友人に転送したりなどして、一つの記事があちらこちらに分散します。仮に投稿した元の記事を削除したとしても、一度情報が分散されてしまうと残存し続けることになり簡単には消えなくなります。そして10年前の情報でも100年前の情報でも、検索さえできれば利用することができます。

（8）有限のサイズのインターネットでも情報が残るのですから、無限の容量をもつ高次元の宇宙空間では、より広範に消えずに残り得るのです。
一度生じた「心や意識」は消えずに残存し得るのです。

（9）一度生じた「心や意識」は、全く変化せずにそのまま残るのでしょうか？　良くは分かりません。しかし、「気の海」は静止しているわけではありません。絶えず振動していますから、変化することは十分に考えられます。その場合、似た性質の心や意識は次第に統合される可能性があると考えられます。「気」の世界でも「類は友を呼ぶ」と思われます。

<補足>　高次元における時間

（1）高次元における時間がどのようなものかは解かりません。３次元空間に住む私たちが解からなくて当然と考えます。
しかし、３次元空間において私たちが感じる、過去から現在、そして未来への時間の一方向の流れは、高次元においては変質すると思われます。ひょっとすると、高次元においては、それらの区別がなく、過去、現在、未来が、並立するのかも知れません。高次元に拡がる潜在意識の中には、未来の情報も一緒に含まれているかも知れません。

（2）一般的にインターネットに投稿された記事や情報は、いつ投稿された情報なのか外部からは識別できません。投稿直後なのか１年前なのか10年前なのか一般的には判りません。もちろん投稿年月日を挿入していれば別ですが。インターネットの情報は基本的に時間を超越していると考えることができます。過去、現在だけでなく未来も同様に考えられそうです。
同様に、高次元に拡がる「気の海」のあらゆる情報も、時間を超越していると考えられます。

（3）［５－１］２項でご説明した「グローバル・コンシャスネス・プロジェクト」（地球意識プロジェクト）で世界各国に設置された「乱数発生器」が、これから起こる世界的惨事を予告したように見える現象が記録されています。

2001年9月11日のアメリカ同時多発テロで、２機のハイジャック飛行機が世界貿易センタービルに突入するその４時間前から乱数発生器の偏りが急激な変化を示しはじめていました。
突入してビルが崩壊してから偏りが変化したのではなく、その４時間前から変化を示したのです。
2004年12月26日、スマトラ島沖で発生したマグニチュード9.1の巨大地震では、インド洋沿岸一帯に大津波が襲い22万人以上の死者を含む未曾有の大被害がでました。この時も、乱数発生器の偏りが出始めてから24時間後に巨大地震が発生しました。
「心や意識」は「時間を超越」していると考えられます。

<<仮説１４>>
「意識」の変化の集積が生命体を進化させる原動力になる。

（1）「仮説９」の通り、生命体が生きて活動している間、意識が発生し自我が生じます。
もし環境が悪化して生命維持に困難が生ずると、自我（意識）は何とかして生き残ろうと、必死に困難を打開するための工夫を続けます。すなわち「意識」は、様々な環境において生命を維持するために、耐えて、模索して、工夫して、変化して、学習して、発展しようと努力します。そして可能な範囲で個体の変化を誘導します。
「意識」は「気」の振動、動きですから、物質である肉体を変化させる「エネルギー」を持っているのです。

（2）個々の生命体だけでなく、同種の多くの生命体の「意識」が同じ方向を指向すると、気のエネルギーの集積と流れと増幅が起こります。その結果、大きなエネルギーを持った「意識」が、大元の「生命情報」に変化を与えることができると、遺伝子を書き換えることがあり得ます。その場合、個体だけでなく、その種全体が進化し、あるいは枝分かれして、新たな種が誕生することになります。
すなわち、「意識」の変化の集積が、ある臨界点を超えると、個体の変化を起こすだけでなく、進化の原動力になり得ると考えられます。
こうして地球上では、多くの種が個別に変化し、進化して、実に多様な生物が栄えてきたと考えられます。

（3）ダーウィンの進化論では、全ての生物には共通の祖先がいて、その祖先から長い時間をかけて少しずつ変化し枝分かれして、現在の多様な生物に進化したとしています。これは大筋として正しいと思います。
ただし、ダーウィンは、突然変異と適者生存のみでその過程を説明していますが、それだけで説明できない事例が多数あります。

（4）私は「意識」と「環境変化」が進化に大きな役割を演じていると考えています。生物は、動物であれ、植物であれ、単細胞生物であれ、程度の差はあるにせよ、全て「意識」を持ちます。この「意識」が、環境の変化に対応して生き延びようと画策し、生物変化の原動力になると考えます。したがって環境が大きく変われば変わるほど、「意識」の働きが活発化して、より大きな変化や進化を促すことになります。

＜補足1＞　シェルドレイクの実験

英国ケンブリッジ大学フェローのルパート・シェルドレイクは、いくつかの公開実験を行いました。
イギリスのテレビ番組で、あるクイズの解答を公開し、200万人がその様子を視聴しました。テレビが放映されなかった別の地域で、同じクイズを出すと正答率が2倍程度上がったと言うのです。
また、ロンドンの実験室で1000匹のラットに、ある学習訓練を行い、後にニューヨークで別の1000匹のラットに同じ学習訓練を行います。
後から行ったニューヨークの学習速度が上がると言っています。
このことからシェルドレイクは、離れた場所に起こった一方の出来事が、空間的、時間的に離れた他方の出来事に影響することがあるとする仮説を立てて、「共鳴」で説明しています（形態形成場仮説と言います）。
個々の生命体だけでなく、同種の多くの生命体の「意識」が同じ方向を指向すると、気のエネルギーの集積と流れと増幅が起こります。その結果、大きなエネルギーが臨界点を超えると、「個」だけでなく「全体」に変化が起きるのです。何故なら「意識」は「気の海」で皆つながっているからです。

＜補足２＞　生物の「意識」は高度である

人間や類人猿の意識ならともかく、植物や単細胞生物の意識は原始的で幼稚な意識と考えてしまいがちですがそうでしょうか？
第３章でご説明したように、例えば、動けない植物は自らを守るために様々な化学物質を合成します。人間の大学生でも知らないような高度な化学知識を駆使しています。食虫植物は、周辺に生息する昆虫類の情報を把握して驚異的なからだを設計しています。また単細胞の粘菌は、環境を把握して見事な判断と働きを行います。
生命体のからだは小さく単純に見えても、その「意識」は極めて高度な知能を持っているように見えます。
ただし、個々の生物が持つ意識が必ずしも高度である必要はありません。種ごとの「意識の大元」が高度な意識を持てば良いのです。個々の意識と大元の意識の「連携」ができれば、個々の生命体の意識が必ずしも高度な機能を持つ必要はないのです。

批判を恐れずもっと掘り下げると、生命体には「種」ごとに極めて優秀な「設計者」がいて、その「種」をデザインし、かつ絶えず見守って維持していると考えることができます。そしてその「設計者」の能力は私たち人間を凌ぐ能力を持っていることになりそうです。
既に第３章[３－３]でご説明した「バイオミメティクス」（生物模倣技術）はその証拠です。
なお、後の「仮説１８」では、この設計者を「生物創造の神」と呼んでいます。ただし、いわゆる「神様」ではなく、「意識と叡智の高み」と考えています。

[5－6] いのち、叡智

<<仮説15>>
「いのち」は「生命エネルギー」であり、「生命情報」を内包する。
「いのち」は「肉体のからだ」と「気のからだ」を統合して、「生」を生じさせ「意識」を生じさせる。

（1）「いのち」

「いのち」はそれ自身強力な「生命エネルギー」であり、同時に「生命情報」を内包します。
そして、「肉体のからだ」と「気のからだ」を統合して、生命体を生かし、結果として「意識」を生じさせます。
全ての生命体は「いのち」によって「生」を得ます。
「生命エネルギー」は、「根源のエネルギー」（＝気）の集合体です。したがって絶えず振動しており、その振動に対応する情報を持ちます。それが「生命情報」です。

＜補足＞　いのちと台風

喩え話ですが、「いのち」は、強力な「気」の「渦巻き」であると考えると判り易いのではないでしょうか？
「台風」は洋上の小さな渦巻きが元となり、周囲のエネルギーを集めて大気や雲を巻き込み、次第に大きく成長します。そしてゆっくり動きながら巨大な渦巻き状の雲を維持しつつ、あたかも生き物のようにあちこちへ動きます。ここまでは、「いのち」の強力なエネルギーに基づく「生」に相当すると考えます。
そして勢力が弱まって台風の威力が衰えると、温帯低気圧に変化して、いずれは消滅していきます。
台風の威力が無くなった段階が「死」に相当し、以後は、残存エネルギーとして「霊」と呼ばれる存在になるのかも知れません。

（2）「生命エネルギー」

生命体は、「生命エネルギー」があるからこそ発生し、成長し、躍動し、子孫を残すことができます。生命エネルギーは「気の集合」であり、「気の渦巻き」と見做すことができます。
生命体は、「肉体のからだ」と「気のからだ」と「いのち」で成り立っていると考えます。
「気のからだ」は「肉体のからだ」に、肉体のためのエネルギーと情報を供給します。
「いのち」は、「肉体のからだ」と「気のからだ」を統合して、生命体を生かし、生命活動の結果として「意識」を生じさせます。

なお、「気のからだ」の持つエネルギーは、素粒子、原子、分子、細胞、器官・・・などの、物質に起源するエネルギーです。すなわち、物質が集まることによって自動的に集合するエネルギーであり物質情報を持ちます。
「いのち」の生命エネルギーは、物質起源ではなく、「生命体を生かす」ための強力なエネルギーです。なお、生物の種ごとに生命エネルギーと生命情報の内容が異なります。

（3）「生命情報」

「いのち」にはその生命体固有の「生命情報」が内包されています。個体の成長の全ての過程で、その「生命情報」が参照されて生命体が成長していきます。
精子、卵、受精卵、胚、器官、臓器、個体形成の全ての段階でそれぞれの「生命情報」が参照されて、遺伝子のON、OFFが制御され、成長していくと考えます。
「生命情報」は、肉体のからだを造り、維持するための膨大な情報群であるだけでなく、心の要素情報も含んでいると考えます。
「生命情報」は種ごとに個別にあります。個体が発生する際に、種ごとの大元の「生命情報」がコピーされて各個体に分配されると考えます。

現代科学では全てを遺伝子で説明しようとしていますが、遺伝子の入っているＤＮＡの情報容量は、音楽ＣＤたった１枚分しかありません。物質に過ぎない遺伝子だけで全てを説明しようとするのは無理があると考えます。

（4）「意識」の発生

「いのち」は生命情報を内包しますが、同時にそれらを用いて情報処理を行います。
「いのち」は形のない脳、あるいは見えないコンピュータを内包していると考えます。
「いのち」による情報処理の過程で「意識」が発生します。「いのち」はそれ自身、「自我」を持っていることになります。
また「いのち」は、この情報処理機能を駆使して「何としても生き抜こう」と躍動します。環境が悪化すると、この「意識」が生き残りを目指して次第に変化し、それが集積し発展することで、生物自体が変化し、進化すると考えます。
なお「いのち」は肉体を持たない段階の「生命体の原型」と考えることもできます。

（5）「本能」

生命体には「本能」と呼ばれるものがあります。小動物は、海がめの赤ちゃんのように、親や仲間に教えられなくても、自ら自然に反応して孵化し、自分一人で行動し成長していくことができます。
植物には本能という言葉は使われませんが、同様に自ら反応し行動し成長します。
「本能」も「生命情報」の一部であると考えます。

（6）「エネルギー体」

これまでご説明してきた「気のからだ」や、「生命エネルギー」、「生命情報」は、全て「気の海」の振動です。高次元のエネルギーの振動であり情報です。したがってそれぞれの実体は、これまでご説明してきたような明確な区分があるとは限りません。
それぞれの役割や働きは異なっても、実際には渾然一体として「融合」されていると思われます。例えば、「気のからだ」に、「生命エネルギー」や「生命情報」が重なり合い融合して区別がつかない状態かも知れません。
これら「融合」された「気の海」の振動を「エネルギー体」と呼ぶことがあります。「エネルギー体」も「気のからだ」も同じ高次元エネルギーです。

<<仮説１６>>
「いのち」を失うと生命体は消滅する。
死後、消滅するものと残存するものとがある。

「いのち」を得た生命体は生き、そして「いのち」を失うと死にます。
死後、物質は消滅しますが、消滅せずに残存するものもあります。

生命体（肉体）：

　死後、分解されて消滅する。

　構成原子は大自然に回帰する。

気のからだ：

　散逸し消滅する。

　気の海に回帰する。

意識：

　脳に生じた顕在意識は消滅する。

　潜在意識は「気の海」に残存する。

　人類の死後に残存する「意識」は一般的に「霊」とも呼ばれる。

自我：

　脳に生じた顕在意識の自我は消滅する。

　潜在意識の自我は「気の海」に残存し、「霊」の中心となる。

いのち：

　いのちの「気の渦巻き」が一定勢力以上の場合は生命体を生かし成長させ躍動させる。

　勢力が衰えると生命体は衰えいずれ死ぬ。

　死後にも残存する「いのち」のエネルギーが、「霊」をエネルギー面から支える。

　「霊」は「意識」の一種であり、弱い生命エネルギーを持つ。

生命情報：

　個体のためにコピーされた生命情報は死後散逸する。

　しかし「種」ごとの生命情報の大元は残存する。

生命エネルギー：

　各個体のための生命エネルギーは死後弱まりいずれ散逸する。

　「種」ごとの生命エネルギーの大元は残存する。

＜補足＞　２種類の生命体

生命体には２種類があると考えられます。

１つは普通の生物、生き物です。すなわち「からだ」を持った生命体です。
もう１つは、「からだ」を持たない生命体です。
いわゆる「霊」は肉体のからだを持ちませんが、自立した意識を持ち、自我を持っています。また弱い生命エネルギーを持つため、他の霊や、生きている生命体にも働きかけを行なうことがあります。
「霊」は無数存在します。また「霊」が変化したり、集積したりした生命体も多く存在すると考えます。
普通の人は「霊」を見たり感じたりすることはできません。しかし恐らく数百人に１人くらいの割合で「霊」を見たり感じたりすることができる人がいます。その中の一部の方々は「霊」と会話したり、「霊」からの働きかけを感じる方もいるようです。私自身は「霊」を見ることはできませんが、そのような多くの方々と情報交換をしてきています。
なお、「霊」の中で高い精神性を持った霊は、他への指導的な立場となり、心（意識）の世界をリードし、発展させていく主体になると考えられます。

<蛇足>　様々な言葉

「意識」や「霊」など見えないものに関する言葉や概念は沢山あります。そして宗教や立場によって意味する範囲や内容も異なります。
霊、魂、霊魂、魂魄、精神、意識、心、スピリット、ソウル、マインド、その他にもあります。
仮説では超簡略化して、全てを「意識」として表現しています。個々の生命体の生きている間の意識も、死後の意識も、全て「意識」と呼んでいます。
そして個々の「意識」を総合して「心」と呼んでいます。
世の中では生きている人にも「霊」があると考える宗教や流派もありますが、ここでは人類の死後の「意識」を「霊」と呼んでいます。ご霊前、守護霊、指導霊、背後霊などの言葉が比較的多く使われているからです。

<<仮説１７>>
人類の「叡智」は集積し残存する。

（1）「仮説１３」の通り、過去の全ての生命体が抱いた膨大な「意識」が、高次元空間に残っています。意識は情報ですから、意志や経験や知識や智恵も含まれます。条件によっては、それらが集合し、統合されることもあり得ます。同種の情報は統合され易いと思われます。統合され昇華されたそれらを「叡智」と呼ぶことにします。「叡智」は「意識」の一部です。
集積され、統合され、昇華された人類の「意識と叡智」が「気の海」に残存していると考えます。

（2）上記の「叡智」は、「虚空蔵（こくうぞう）」や「アカシックレコード」と呼ばれることがあります。虚空蔵は無限に拡がる宇宙に存在する叡智の蔵を意味しています。
弘法大師「空海」（774～835）は、1200年以上前に「虚空蔵」の叡智を得るために「虚空蔵求聞持法（こくうぞうぐもんじほう）」という行法を修したと言われています。
米国の「エドガー・ケイシー」（1877～1945）は、一種の催眠状態で「アカシックレコード」にアクセスして、当時としては未知の医学知識を引出し病気治療に役立てています。
アカシックレコードは、「神の無限の図書館」とか、「人類の魂の記録」と呼ばれることもあります。

（3）「悟りを開く」という言葉は、これらの「叡智」を、自在に利用できるようになった状態を指しているのかも知れません。
インドの釈迦（ゴータマ・シッダルタ）は、瞑想によって悟りを開いたと伝えられています。釈迦は「虚空蔵」に自在につながれるようになり、知りたいことは全て知ることができるようになったと考えられます。

仏教では悟りを開いた人を「仏陀」（目覚めた人）と言い、その説いた教えが仏教の柱になっています。もちろん「悟り」にも様々なレベルがあり得ます。

（4）誰でも「叡智」につながれるわけではありませんが、宗教修行や瞑想や座禅や気功やヨガなどいくつかの方法論があります。
人類の大発見や大発明の中には、ふとしたきっかけで、意図せずに無意識下でそれらにつながった結果のものが意外に多いのかも知れません。

［5－7］ 意識の賑わい、神、大宇宙

<<仮説18>>
「気の海」は生命体の「意識」で賑わっている。
いわゆる神は「意識と叡智」の高みである。

（1）「気の海」は無数の生命体の「意識」で賑わっています。からだを持つ生命体、すなわち「生物」の意識が拡がっています。そして「からだ」を持たない生命体の意識は、無数に「気の海」に拡がっています。「生物」の意識は死後も残存するからです。
人間の死後の意識は「霊」とも呼ばれます。「霊」は肉体のからだを持ちませんが、自立した意識を持ち、自我を持ち、弱い生命エネルギーを持つと考えられます。

（2）「木の精」とか「森の精」という言葉があります。木が沢山集まり大きな森となり、数十年、数百年も経過すると、個々の木の「意識」が集積し、統合されて大きな「意識」（気のエネルギー）にまとまり得ます。
感覚の鋭い人々はそれをエネルギーとして感じ「精」と呼んでいるのかも知れません。他にも山の精、水の精など、大自然には様々な「精」、自然のエネルギーと意識が満ちていると考えられます。

（3）私たちが「神様」と呼んでいる尊い存在は多岐にわたります。上は天地創造主、全知全能の絶対神から、神社の神、山の神、学問の神様、トイレの神様、野球の神様までその幅は実に広いですね。神様に上下をつけるとは何事かと叱られそうですが。なお、ここでは個々の宗教で崇める神様は除外して考えます。

（4）上と下を除いた「ふつうの神様」に関して考えると、過去・現在・未来の膨大な「意識」が集積し、整理、統合され、昇華した「意識の高み」であり、「心の高み」であると考えることができます。
そしてそれらの神は多数存在し、それぞれ得意分野を持っていたり、レベルや格の高低があっても不思議ではありません。何故なら、元をたどれば地球上に実際に生きた人類や生物の意識の集積であり、特性の相違や、昇華の度合いに差ができても当然と考えられるからです。
場合によっては、何がしかの欠陥や誤りを含んだ神がいてもおかしくないと考えられます。もちろん、神様といってもエネルギーと情報であって、姿かたちは持っていません。

（5）かつて地球上に生を受け、治療法や健康法などを研究し実践した人々の意識が、集積し、統合されて、医学分野の大きな「意識と叡智」に昇華することもあり得ます。
仏教の仏像には様々な種類と役割があります。例えば、「薬師如来」は、そのような「意識と叡智」を仏像の形に象形化したものと言えます。今風に言えば、医学、薬学を担当している仏様と考えてよいと思います。
同様に「文殊菩薩」は、智慧や学問を司る仏様であり、その本質は、その分野の「意識と叡智」のまとまりであると考えられます。そして、かつて人類が興味を持った様々な分野で、それぞれの神が存在すると考えられます。

（6）仏様も神様と同質の「意識の高み」であり、単純に呼び方が異なるだけと考えます。もちろん、「神様」も「仏様」も「精」も物質ではありませんから形はありません。根源のエネルギー（気）の振動ですから、その振動に応じたエネルギーと情報を持っています。

（7）「生物創造」を得意とする神も沢山おられそうです。生物の属や種ごとに神様の担当が決まっているのかも知れません。
しかし、天地創造主や唯一絶対神がおられるかどうか私にはわかりません。否定する材料も肯定する材料も十分に持ち合わせていません。

（8）「気の海」は、無数の様々な生命体の「意識」で賑わっています。しかし、これまでご説明してきた良い方向の「意識の高み」ばかりではありません。悪意を持つ意識もあり得ます。人間の世界と同様であり、善悪、正邪、その他様々な意識とその集合があり得ます。

＜補足＞　生物創造の神

「仮説１０」でご説明した通り、ペニシリンを始めとする「抗生物質」に対抗して、僅か数十年の間に次々と「薬剤耐性菌」が現われました。これはダーウィンの突然変異と自然淘汰だけでは全く説明できません。偶然による突然変異は、生物にとって必ずしも有用な変化を起さないので、実際に進化に結びつくためには数万年単位の長時間が必要になります。突然変異のほとんどは有害か無害であり、有益な変異は極めて少ないと考えられるからです。
「薬剤耐性菌」は、逆境に対応しようする明確な意識を持ち、最短期間で自らの一部を変化させています。そして現代の科学者に匹敵する、あるいはそれ以上の「知能」を持っていると考えられます。現実に人類は「多剤耐性菌」に対応できる手段を今もって開発できていないのですから。

それでは、薬剤耐性菌の何処に、高度な知性や研究開発機能を宿しているのでしょうか？
ちっぽけな単細胞の細菌の一つ一つに、そのような高度な機能が仕組まれているとは考え難いですね。
逆境の中で何とか生き残ろうと四苦八苦した「細菌」たちの「意識」が、集積し、整理、統合され、生物改造の「意識と叡智」に昇華すると考えられます。
生物改造の「意識」は、「気の海」の中の様々な叡智を探索して、問題点を解決しようと努力します。
「気の海」は、インターネットの雲と同様であり、有用な情報が散在しています。何らかの方法でそれらを検索できれば有効活用できる可能性があります。
これが奏功すると、その生物は生き残る方向へ変化できます。これらが繰り返されて生物は変化を続け進化します。そして大きな環境変化が起きた場合、新たな「種」が誕生することもあり得ます。

個々の細菌の小さな意識と、それらが統合され昇華された高度な意識は、「個」と「全」の関係性を持ち、これらが連携して生物が変化し、進化していくと考えられます。
俗っぽく言えば、「生物創造」の神がおられることになります。もちろん「生物創造」の神は完全無欠とは限りません。試行錯誤もするし失敗作も作る筈ですね。

＜蛇足＞　宗教

宗教は無数にありますが、大別すると一神教と多神教に分けることができます。
一神教の例としては、ユダヤ教、キリスト教、イスラム教などがあります。いずれも、旧約聖書を原典としています。
多神教の例として、インドのヒンドゥー教や日本の神道の例があります。どちらも他宗教の神に対して寛容であり、場合によっては一部を受け入れ取り込んできています。
日本でも明治時代の神仏分離令の以前は、神道と仏教はしばしば社寺その他を共有し神仏習合と言われてきました。
日本には「八百万の神」という言葉があります。自然に存在するあらゆるものに神が宿っているという考えです。
「仮説１８」は、多神教を支持し、「八百万の神」に近い考え方ということになります。

<<仮説１９>>
「意識」を移したりコピーすることができる。

（1）「意識」は「気の海」の振動ですから、他へ移す、あるいはコピーすることができます。「叡智」も「意識」の一部ですから同様です。一つの音叉の振動によって他の音叉が共振するのと同様と考えると解かり易いかと思います。

（2）「いのち」の大元が、生物の種ごとに「気の海」に存在しています。生物が誕生する際、「いのち」の「生命エネルギー」と「生命情報」がコピーされ、配分されることにより、生物が「生」を得て成長を始めます。

（3）宗教の大事な行事として、師から弟子へ「叡智」のコピーが行われることがあります。「灌頂」とか「伝授」と言われます。
弘法大使「空海」は、遣唐使船に乗り804年に中国に渡り、当時の密教の最高位「恵果阿闍梨」から「灌頂」を受け、密教の核心的な「叡智」を受け取りました。そしてわずか１年強で密教の全てを携えて帰国し、日本で真言密教を興しました。
「灌頂」によって受け取るのは、経典や法具や書や絵画などの「物」ではなく、見えない「叡智」すなわち仏教の真髄です。

（4）「憑依」や「多重人格障害」と呼ばれる現象があります。第４章［４－４］「心とは何か？」 において簡単に触れました。

この現象も、ある「意識」が他者に移る、またはコピーされると考えられます。すなわち、自分の自我が、他者からコピーされた「意識」によって影響を受けてしまうのです。
コンピュータのソフトウェアに例えると解かり易いかと思います。コンピュータを人間と考え、ソフトウェアを「意識」と考えます。
自分のコンピュータのソフトウェアの一部または大部分が、他のコンピュータから送り込まれたソフトウェアに、一時的に乗っ取られてしまうのが「憑依」です。複数の他のコンピュータから送り込まれた複数のソフトウェアに、一時的とはいえ、次々と乗っ取られてしまうのが「多重人格障害」と考えることができます。
自我がしっかり確立され、安定した精神状態が維持され、本来の防御機能が発揮できれば、他者からの侵入を防止することができます。コンピュータのウイルス対策と同様と考えられます。

（5）絵画や書などに、作家の意識や念やエネルギーが自然にコピーされることがあり得ます。感覚が鋭敏な方々はそれを感じとることがあります。感動したり感激できる作品には、そのような共鳴できる意識が付随しているのかも知れません。

（6）「意識」が移動して、またはコピーされて物体に付着することがあり得ます。例えば、大事にしている遺品や宝石に、持ち主の執着心が意識として付着することがあり、敏感な方はそれを感じることがあり得ます。有名な巨大ダイヤの持ち主が何故か早死にするなどの噂話はあり得るのかも知れません。

（7）心臓移植を受けた人が、手術後に趣味が変わったり、食べ物の好みが変わったり、性格が微妙に変わる例があるようです。この場合、心臓提供者の「意識」の一部が心臓に付随して、移植を受けた人に影響を及ぼしている可能性があり得ます。

なお、ここでは説明を省略しますが、「意識」が他の「意識」を操作することもできます。

<<仮説２０>>
継続する強い願いは実現し得る。

（1）強い願いとは、ある対象に意識を絞り込んだ願望意識です。意識が一定の方向に向けられ、それが長時間ぶれずに継続すると、その願いが実現する方向へ動き出します。

（2）意識は「気の海」の振動であり流れです。気の流れが一定の方向へ継続すると、周囲の気も引き込んで気の流れがさらに大きく強くなり、遂には津波のような巨大なエネルギーを産み出します。「仮説８」の通り、心（意識）によって気が誘導されエネルギーが動きます。そして心（意識）は物質にまで影響を及ぼし得るのです。

（3）願いの効果は、意識の集中力の強さと、時間的な長さの積で決まると考えられます。意識がいくら強くても、それが短時間で終われば効果が現われる前に終わってしまいます。長時間継続すれば、次第に気のエネルギーの流れが大きくなります。
長さ100mの小川の流れはすぐに終わって水は停滞してしまいます。しかし沢山の流れを集めた大河の流れは悠久に続き、大きな流れになります。黒潮や親潮などの大きな海流になると、もう誰にも止められないほどの巨大なエネルギーの流れになります。

（4）願望のエネルギーの流れが継続すると潜在意識が刺激されます。「気の海」の潜在意識の中で、願望に関わる意識が励起され、次第に願望を実現する方向へ動き始めます。「気の海」は見えない生命体で賑わっていますから、願望に興味をもつ「意識」が賛同して協力してくれるのかも知れません。

（5）願いを実現するため方法論の一つに「祈り」があります。日本人は古代から祈りの民であり、天皇家の祭祀、神社仏閣での加持祈祷をはじめ、生活の中に祈りが溶け込んでいました。祈りの効果は、物理現象などに比べれば強くはありませんが、効果があることが科学的な手法で認められつつあります。
現代では祈りの効果を信じる方は少ないようですが、古代から日本人は理解していたのです。

（6）私たちが死んだ後、「霊」になると仮定します。「霊」がもし現世に執着するとすれば、何に想いを馳せるでしょうか？　やはり自分にとって可愛い子や孫や家族や友人たちではないでしょうか？　そのような「霊」の多くは、「気の海」（あの世）から現世を見守り続けているのかも知れません。
もし、困っている人や、道を踏み外しつつある人がいたら、何とか手助けしたいと思うのではないでしょうか？　しかし「霊」はからだのない「意識体」に過ぎませんから、物質世界に直接手出しすることはできません。

（7）しかし、現世からの祈りのエネルギーが強ければ、「霊」にエネルギーが付加されて、「霊」の意識がより実現する方向へ作用するかも知れません。
「気の海」の潜在意識の中で、願望に関連する様々な「意識」が誘起され、次第に願望を実現する方向へ動き始めます。祈りは迷信ではなかったのです。
なお、敏感な方々は、そのような「霊」の意識を感じたり、霊の存在が見えたりするようです。一般的には守護霊とか背後霊などと呼ばれています。

（8）「継続は力なり」という言葉があります。継続の力は、気のエネルギーの流れを時間の経過とともにさらに強めるので、私たちが考えているより遥かに大きな効果を導くのです。

＜補足１＞　祈りの効果

願いを実現するための方法論に「祈り」があります。ここ数年、米欧を中心にして祈りの研究が進められ1200件以上の研究報告や実験が行われています。特にハーバード大学、コロンビア大学などが中心になって、科学的な実験が進められ、確かに祈りの効果があることが確かめられています。
そして祈りの効果は、祈りの量や時間に比例し、また苦しい状況のときほど祈りの効果が大きいことなどが解かってきています。

またサンフランシスコ総合病院で、心臓病の入院患者393人に対して行われた厳密な実験結果があります。そして「祈り」には大きな治癒効果があることが証明されました。
ランドルフ・ビルド博士によって行われたこの実験では、まず患者を、祈られるグループ192人と、祈られないグループ201人とに振り分けました。
次に、患者のために祈ってくれる人たちを全米の教会から募集し、祈られるグループの患者１人あたりに５～７人を割り当てました。そして患者の名前・病状を伝えて、毎日その人のために祈るように依頼したのです。なお患者たちには 祈られていることは一切知らせませんでした。
その結果、他人に祈られた患者は、祈られなかった患者より 明らかに良好な状態に改善されました。抗生物質、人工呼吸器、透析の使用率が明らかに少なくなったのです。何故そうなるのか、物質中心の現代科学では全く説明できません。

祈りにもいろいろあります。良くなる方向への祈りだけでなく、他者に災いをふり向ける祈りもあります。呪い、呪詛などです。丑の刻参りのワラ人形は有名ですね。これらも意識の働きですから、実現し得ることになります。もちろん、作用反作用の法則により、呪った人にも悪影響が撥ね返ってきます。

<補足２>　感謝の効果

「感謝の気持ちを深める」ことがとても大事です。この場合の「感謝」は、他人から何かを戴いたときの感謝のような小さな感謝だけではなく、大自然への感謝、いま生かされていることへの感謝、見えない存在に対する深い感謝です。
見えない存在（意識）に対する感謝が、逆に見えない存在から応援、手助けを受けることにつながり得ます。もちろん、小さな感謝「ありがとう」も大変重要です。小さな感謝も集積することにより事態が次第に好転していきます。
感謝を続けていると、更に感謝したくなるような、もっと良いことが起きるようです。
「心」、「意識」はとてつもなく広く、深く、高く、そして大きなエネルギーを伴っています。

<<仮説２１>>
「気の海」には多数の「宇宙」が浮かんでいる。
私たちの「宇宙」もそれらの一つである。
「気の海」は、天体、物質、非物質、多宇宙など、すべてを包含する「大宇宙」である。

（1）広大無辺の「気の海」の中に、多数の「宇宙」が浮かんでいると考えます。そのうちの一つが私たちの「宇宙」です。「宇宙」は「気の海」から見ると、「サブ宇宙」の位置づけになります。「宇宙」は、私たちが普通に考えている宇宙であり、太陽系や銀河などの天体や、人間や生物を含む物質とエネルギーを主体にした宇宙です。

（2）「気の海」は高次元空間であり、「宇宙」は３次元空間です。「気の海」は多数の「宇宙」を包含し、物質はもちろん非物質などすべてを包含しますので「大宇宙」と位置づけます。大宇宙の本態は「気の海」であり、ここから全てが生まれると考えます。
物質は大きさや形をもつため、３次元空間の宇宙の範囲内にのみ存在できます。一方、非物質は「気の海」全体に拡がり得ます。

（３）私たち人間は、「宇宙」に属し、同時に「大宇宙」にも属しています。肉体は３次元の「宇宙」に所属し、心や意識やいのちは高次元の「大宇宙」に拡がっています。
「大宇宙」は、「根源のエネルギー」が無限に拡がる宇宙であり、「気の海」と同一です。「大宇宙」すなわち「気の海」は、物質、非物質はもちろん、すべての存在と現象の舞台であり、揺りかごであり、ふるさとです。

（４）広大な「気の海」には、私たちの「宇宙」の他に、他の宇宙が多数存在し得ると考えます。他の宇宙の多くは３次元空間を持つと考えられますが、３次元以外の空間を持つ可能性もあります。また、そこでの物理法則や物理定数などは私たちの宇宙のそれとは異なる可能性があります。

（５）「気の海」には私たちの宇宙以外の他の宇宙も多数浮かんでいます。それら他宇宙を起源とする「意識」や「いのち」も「気の海」に多数浮かんでいると考えられます。したがって、私たちの宇宙の「意識」や「いのち」は、他宇宙のそれらの影響を受けている可能性があり得ます。「気の海」は全てを包含し、かつ境目が無いからです。
地球上の生命体の「生命エネルギー」と「生命情報」は、他の惑星や、ひょっとすると他宇宙のそれらの影響を受けているのかも知れません。

（６）「気の海」は、物質や天体や他宇宙はもちろん、「心や意識やいのち」など、あらゆるもので賑わっています。「気の海」の中に境界はありませんから、心や意識やいのちなど、あらゆるものは互いにつながり得ます。すなわち、全宇宙の存在は物質であれ意識であれ単独で存在するの

図 5 気の海のにぎわい

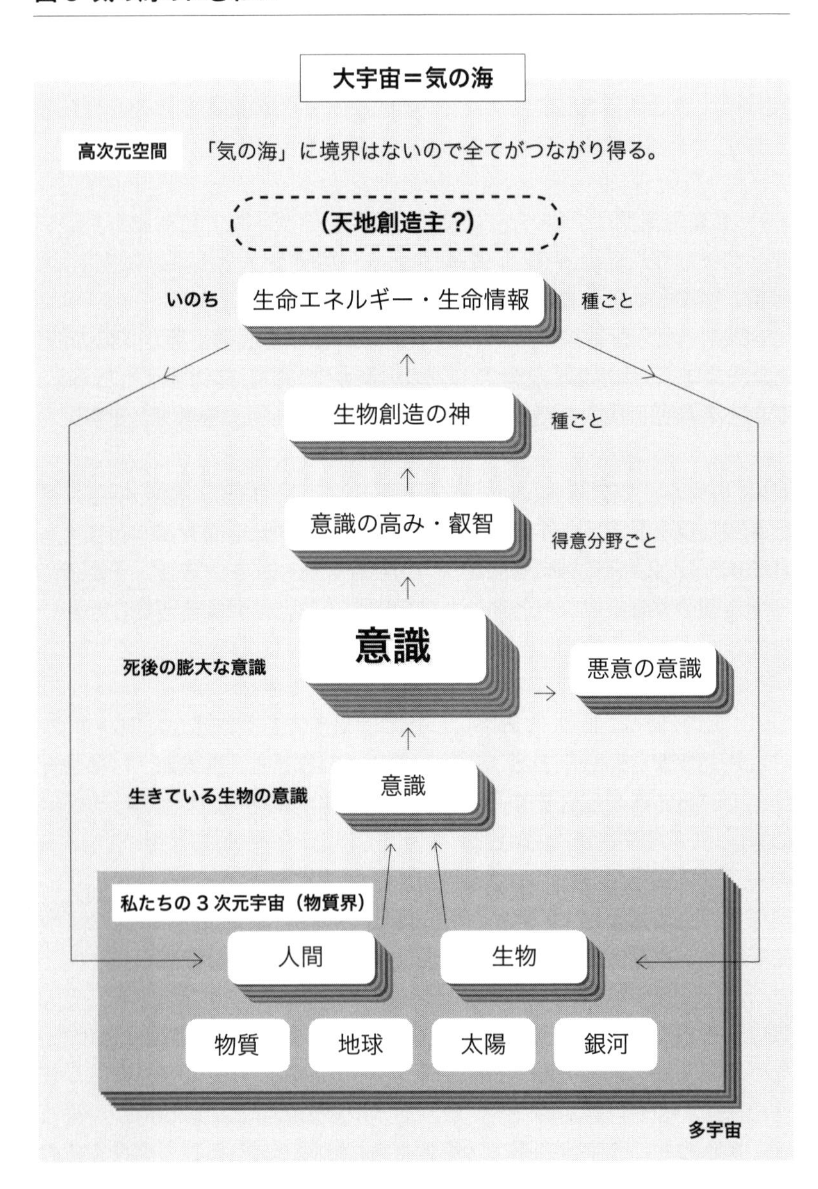
大宇宙＝気の海
高次元空間
「気の海」に境界はないので全てがつながり得る。
（天地創造主？）
いのち
生命エネルギー・生命情報
種ごと
生物創造の神
種ごと
意識の高み・叡智
得意分野ごと
死後の膨大な意識
意識
悪意の意識
生きている生物の意識
意識
私たちの 3 次元宇宙（物質界）
人間
生物
物質
地球
太陽
銀河
多宇宙

でなく、相互に影響しあう存在と考えられます。生命体である人間も全く同じであり、決して単独で生きているわけではなく、また死後の意識の世界も他の意識と相互に影響を及ぼしあう存在と考えられます。
このことが理解できると人生観が変化し、人間としての「生き方」も自然に変化してくる筈です。

（7）いのちのリレー
生物は必ず死にます。死んでもその子孫が生き続ければ、いのちが後代に受け継がれてその「種」は永続的に生き続けて繁栄します。長い時間で眺めて見ると、各個体のいのちだけでなく、「種」のいのちがあるようにも見えます。いや、むしろ「種」のいのちが、その時々の各個体に委ねられて、いのちのリレーが行われていると考えることができます。
しかし、いのちのリレーは地球上だけで行われると限定する必要はないかも知れません。
地球上の生命体は永遠には存続できません。最大限永らえても太陽の寿命50億年は無理でしょう。
地球上で生命が存続できなくなれば他の惑星や、場合によっては他宇宙の惑星などで「いのち」をリレーすることがあり得るかも知れませんね。
ただし、それを選択するのはもちろん人間ではありません。大自然、大宇宙ということになりそうです。

大宇宙のしくみに関する仮説群は他にもいくつかありますが、今回はここまでに留めます。常識からかけ離れた破天荒な仮説と感じられたかも知れません。
でも、ヨーロッパ中世で「天動説」が常識であった時代では、「地動説」は非常識の極みであったと思われます。永い時間をかけて少しずつ新しい仮説が認められてきますので、私の仮説群も直ぐに大勢の方々に理解されることは期待していません。でもこの仮説群によって、第1章から第４章までご説明してきた様々な不思議の多くが大筋として解消していきます。

次章で「まとめ」を行います。
仮説の説明が長くなり過ぎましたので、次回から仮説の要点だけを取り出して仮説の新規性や、仮説に対するＱ＆Ａを記します。また様々な不思議と仮説との関連をあらためてご説明します。

第6章　まとめ

［6－1］ 仮説の独創性

前章で「大宇宙のしくみ」に関する私の仮説を長々とご紹介してきました。今までの常識とかけ離れていますので、なかなかご理解いただき難いと思います。先ず、全体が見渡し難くなっているかと思いますので、一連の仮説をもう一度列挙いたします。
そして私自身が考える仮説ごとの新規性、独創性を、A、B、C、Dの４段階にランク分けしてみました。
[独創性ランク：A]：世界で初めての仮説かも知れない
[独創性ランク：B]：僅かながら同様に考える人がおられるかも知れない
[独創性ランク：C]：一部の人々は気付いていても多くの方々は認識していない
[独創性ランク：D]：誰でも考え得ることであり独創性はない

独創性が高いA、Bなどは、他の人が全く考えないような少数意見であり、一般的には認められ難いということになります。しかし、そのように考えると様々な「不思議」が解消していきます。

[エネルギー、空間、物質]

<<仮説１>>
宇宙空間に「根源のエネルギー」が拡がっている。

[独創性ランク：D]
誰でも考え得ることであり独創性はありません。

<<仮説２>>
「根源のエネルギー」は３次元よりも次元の高い「高次元の空間」に拡がっている。

[独創性ランク：C]
高次元空間を想定して根源のエネルギーの拡がりを考える人は多少でもおられる筈と思います。

<<仮説3>>
「根源のエネルギー」が凝集すると物質が生ずる。
全ての物質の背後に「根源のエネルギー」が集約する。

[独創性ランク：A]
エネルギーが凝集して物質になることは誰でも考えます。
しかし物質の背後にエネルギーと情報がリンクすると考える人は多分おられないのではと思います。このことは宇宙の仕組みを考える上で極めて重要です。

<<仮説4>>
物質は3次元空間＋時間の制約を受ける。
非物質は制約を受けずに高次元空間に拡がる。

[独創性ランク：B]
物質と非物質の相違をこのように考える方はとても少ないと思います。
仮説のような書籍を見たことがありません。そもそも非物質を究明しようとする方々はあまり多くおられません。

[気、心、情報]

<<仮説5>>
「根源のエネルギー」は万物の根源であり、「気」とも呼ぶ。
水の海に例えて、宇宙空間を「気の海」と考える。

[独創性ランク：D]
独創性はありません。

<<仮説6 >>
「気の海」の振動を「心」と総称する。
「心」は「気の海」の振動に基づく「情報」を持つ。

[独創性ランク：A]
「心」をこのように拡張して考える人は多分おられないのではと思います。このことは宇宙の仕組みを考える上で極めて重要です。

<<仮説7 >>
脳細胞の活動は振動となって「気の海」に拡がる。
脳細胞のネットワークはアンテナの役割を果たす。

[独創性ランク：A]
「脳」の活動をこのように拡張して考える方は多分おられないと思います。このことは様々な不思議を読み解く上で極めて重要です。

<<仮説8 >>
心（意識）によって気が誘導されエネルギーが動く。
心（意識）は物質に影響を及ぼし得る。

[独創性ランク：C]
気功や気の武術を継続されている方々は誰でも体験していることです。ただし、心が物質に影響を及ぼすことに関して賛同される方は多くないと思います。

[意識、潜在意識、気のからだ]

<<仮説9 >>
生命体に生ずる心を「意識」と呼ぶ。
意識の主体を「自我」と呼ぶ。
生命体は自我を中心にして生命活動を営む。

[独創性ランク：D]
独創性はあまりありませんが、「意識」の言葉の範囲を大幅に拡げています。

<<仮説１０>>
全ての生命体は意識を持つ。
脳を持つ動物は顕在意識と潜在意識を持つ。

[独創性ランク：A]
動物、植物、単細胞生物まで意識を持つと考える方は多分おられないと思います。

<<仮説１１>>
すべての生命体は「気のからだ」に包まれている。
「気のからだ」は「肉体のからだ」にエネルギーと情報を供給する。

[独創性ランク：C]
気功、ヨガ、気の武術、東洋医学などを継続されている方々にとっては目新しいことではありません。しかし「気のからだ」が「肉体のからだ」に、エネルギーと情報を供給すると考える方は多くないと思います。

[意識の特性]

<<仮説１２>>
人類の「意識」は互いにつながり得る。

[独創性ランク：C]
ユングは100年前に「集合的無意識論」を唱えています。しかしそのことを知らない人も多くおり、知っていてもそんな馬鹿なと否定する科学者も多いようです。

<<仮説１３>>
「意識」は消えずに残り得る。

[独創性ランク：B]
アカシックレコードや虚空蔵という概念は昔からありますが、「意識」全体が宇宙空間に残り得ると考える方はあまりおられないのではと思います。

<<仮説１４>>
「意識」の変化の集積が生命体を進化させる原動力になる。

[独創性ランク：A]
第３章[３－６]で様々な進化論をご紹介しましたが、生物の意識変化の集積について明確に言及している進化論はありません。

[いのち、叡智]

<<仮説１５>>
「いのち」は「生命エネルギー」であり、「生命情報」を内包する。
「いのち」は「肉体のからだ」と「気のからだ」を統合して、「生」を生じさせ「意識」を生じさせる。

[独創性ランク：B]
いのちの本質は「生命エネルギー」と「生命情報」であると述べた書籍はまだ見ていませんが、そのように考える方々はおられるかも知れません。

<<仮説１６>>
「いのち」を失うと生命体は消滅する。
死後、消滅するものと残存するものとがある。

[独創性ランク：C]
死後の世界を肯定し、霊などの存在を信じる人は少なくないと思います。

<<仮説１７>>
人類の「叡智」は集積し残存する。

[独創性ランク：C]
「虚空蔵」や「アカシックレコード」という概念は昔からありますが、「叡智」を「気の海」や「意識」と関連付けて考える方はあまりおられないと思います。

[意識の賑わい、神]

<<仮説１８>>
「気の海」は生命体の意識で賑わっている。
いわゆる神は「意識と叡智」の高みである。

[独創性ランク：B]
「気の海」、生命体、意識、叡智、いのち、神　をこのように位置づけた書籍を見た事がありません。

<<仮説１９>>
「意識」を移したりコピーすることができる。

[独創性ランク：C]
感覚の鋭い人や気功などを続けている人は、しばしば実感されていると思います。

<<仮説２０>>
継続する強い願いは実現し得る。

［独創性ランク：Ｄ］
多くの現代人は忘れていますが人類は古代から知っていました。最近になって米欧での研究や実験によって少しずつ再認識され始めています。

<<仮説２１>>
「気の海」には多数の「宇宙」が浮かんでいる。
私たちの「宇宙」もそれらの一つである。
「気の海」は、天体、物質、非物質、多宇宙など、すべてを包含する「大宇宙」である。

［独創性ランク：Ｂ］
多宇宙論はいくつもありますが、ほとんどが物質レベルの宇宙論です。非物質も包含する「気の海」という概念をもつ宇宙論はまだ見ていません。

[21の仮説の超要約]

宇宙空間に「根源のエネルギー」＝「気」が拡がっている。「気」は万物の根源であり、空間と時間を超越した高次元空間に遍く拡がっている。「気」が凝集すると「物質」になり、「気」が振動すると「心」、「意識」、「情報」が生ずる。
「気」の集合である「生命エネルギー」（いのち）は、生命体を生かし「意識」を生じさせる。人類や生物などの様々な「意識」は消えずに「気の海」に残り、また互いにつながり得る。生命体の「意識」の変化の集積が、生命体を変化させ進化させる原動力になる。
生命体の死後も「意識」は「気の海」に残存し、似かよった意識は次第に集合し統合され昇華されて「意識の高み」が生じ得る。
「気の海」は、物質だけでなく、無数の「生命エネルギー」（いのち）や「意識」や「意識の高み」や「叡智」などで賑わっている。「気の海」の中に境界はないので、全てが互いに影響を及ぼし得る。

「気の海」には私たちの３次元の「宇宙」の他にも、多数の他の「宇宙」が浮かんでいる。
「気の海」は、多宇宙、天体、物質、非物質など、すべてを包含する「大宇宙」そのものである。

［６－２］ 仮説に対するＱ＆Ａ

各仮説に対しての代表的なＱ＆Ａを記します。

[エネルギー、空間、物質]

<<仮説１>>
宇宙空間に「根源のエネルギー」が拡がっている。

Ｑ.根源のエネルギーが存在する証拠は？

Ａ.直接的な証拠はありません。根源のエネルギーは高次元に属するので、私たち人間が直接観測することができないからです。
ただし、第１章［１－９］でご説明したように、宇宙の全エネルギーの68.3%は未知のダークエネルギーであることが解かっており、根源のエネルギーと密接に関係していると考えられます。ダークエネルギーは、「根源のエネルギー」そのものか、あるいはそれが変化したエネルギーであると考えられます。
なお、根源のエネルギーを感じることが出来ます。人間や動物や植物などは、根源のエネルギーの集合である「気のからだ」に包まれています。訓練を積めば誰でも、これらの「気のからだ」の存在を感じることができます。その一部を見ることができる人もいます。10分ほどの簡単な気功で約半数の方々が「気」を感じることができます。

また、指圧、鍼灸、整体などの東洋医学では、「気のからだ」を操作することによって身心の不調を治します。その際、「気のからだ」の一部である「経絡」（気の流れ道）や「ツボ」を使用します。人間は古来より根源のエネルギー＝「気」を感じ、生活面で活用してきています。

<<仮説２>>
「根源のエネルギー」は３次元よりも次元の高い「高次元の空間」に拡がっている。

Q.本当に高次元の空間があるのか？

A.あると考えます。
アインシュタインは３次元の空間と時間だけを考えて相対性理論を構築し､物質の世界に関しては成功を収めました｡多くの科学者はアインシュタインに賛同して３次元を超える空間はないと考えています。南部陽一郎博士が高次元空間を前提とする「ひも理論」を提示した1970年頃、高次元空間は周囲から全く理解されませんでした｡第１章[１－７]参照｡その後1984年、ジョン・シュワルツ博士らによって「超ひも理論」が提唱され、万物の究極理論の候補と言われています。「超ひも理論」も９次元以上の空間を前提にしています。南部博士から40年以上経過した現在では、高次元空間を認める科学者は多少増加していると考えられます。第２章[２－５]参照。
限定された範囲内であれば、アインシュタインの３次元空間と時間だけでも良いのですが、対象範囲を極微の領域に拡げようとすると、高次元空間を考慮せざるを得なくなります。そして高次元空間を否定してしまうと、何も進まなくなってしまいます。心や意識や気やいのちなど非物質の説明も困難になってしまいます。高次元空間を認めることができれば、飛躍的に思考範囲が拡大し、様々な不思議を解消していくことができます。

Q.高次元空間の次元数は？

A.次元数は解かりません。人間にとって4次元以上の空間は識別できません。4次元でも、5次元でも、10次元でも、何次元でも同様であり、全く実感できません。なお、「超ひも理論」では10次元空間＋時間を想定しています。

<<仮説3>>
「根源のエネルギー」が凝集すると物質が生ずる。
全ての物質の背後に「根源のエネルギー」が集約する。

Q. 物質とその背後の「根源のエネルギー」との関係は？

A. 雲や霧の例のように、水蒸気を十分に含んだ空気中では、条件が整えば小さな水滴が生じて雲や霧として見ることができます。水滴が存在するためには周囲に十分な水蒸気が必要です。周囲に水蒸気が無くなると水滴は水蒸気に戻って見えなくなります。
同様に、「根源のエネルギー」が凝集して物質が生ずるためには、その周囲に膨大な「根源のエネルギー」が集約している必要があります。そして、その根源のエネルギーの振動が、その物質に関する情報を保持します。すなわち、その物質の特性を決めていると考えます。物質と根源のエネルギーは切り離して考えられないのです。

<<仮説4>>
物質は3次元空間＋時間の制約を受ける。
非物質は制約を受けずに高次元空間に拡がる。

Q. 何故、物質は制約を受けるのか？

Ａ．物質は粗いからです。大きいからです。形を持っているからです。物質以外は全て、かたちの無いエネルギーであり大きさがないのです。例えば、網の目より大きな物質は網の目を通過できません。網の上が３次元空間であり、網の下が高次元空間である、と考えると解かり易いのではないでしょうか。
３次元空間には、いくら大きな物体でも収容できます。しかし高次元空間には、物質は収容できないのです。非物質だけが高次元空間に入り込めるのです。高次元空間は微小空間に小さく丸め込まれていると考えられます。
また物質は生成、消滅します。そして原因と結果の因果関係が成立する必要があります。そのために、過去から現在、未来への時間の流れが必要になります。物質は３次元空間＋時間の制約を受けざるを得ないのです。

[気、心]

<<仮説５>>
「根源のエネルギー」は万物の根源であり、「気」とも呼ぶ。
水の海に例えて、宇宙空間を「気の海」と考える。

Ｑ．根源のエネルギーを何故「気」と呼ぶのか？

Ａ．日本語の「気」と言う言葉は、言い得て妙であり、とても重宝します。
先ず１文字で簡単です。「根源のエネルギーの海」より「気の海」の方が簡潔で直感的で判り易いからです。そして何よりも「気」という言葉の意味に合致しているからです。
「気」という言葉は、エネルギーの動きや、エネルギーによる物質形成、宇宙形成、生命体創出、意識形成など様々な働きやそのニュアンスを表し、とても広い意味を含む言葉と考えられます。「気」を含む言葉が何と多いことでしょう！
その意味で「気」は、「根源のエネルギー」の働きまで含む言葉であり、意味する範囲が広いと感じられますが、ここでは「根源のエネルギー」を「気」を呼び、同一視します。

<<仮説6>>
「気の海」の振動を「心」と総称する。
「心」は「気の海」の振動に基づく「情報」である。

Q.「心」の意味があまりにも拡がり過ぎていないか？

A.その通りと思います。しかし現実に「心」は広く、深く、謎を秘めています。心とは何か？　については、21世紀の現代においても良く分かっていないのが実情です。
本仮説のように考えると、様々な不思議が解消していきます。虫の知らせ、テレパシー、人の心を読むリーディングなども、十分あり得ることになります。そして本仮説を覆せる決定的な証拠は多分見つからないと考えられます。

Q.「気の海」の振動の波長や周波数はどのくらいか？

A.波の基本的な特性は、振動の波長や周波数で表わすことができます。しかしそれは、「3次元＋時間」の世界の概念です。高次元の世界では、空間と時間を超越するので、長さや時間の概念は変質してしまいます。波長は長さを含み、周波数は時間を含みます。
したがって、「気の海」の振動の波長や周波数や位相は具体的には解かりません。人間は、高次元の世界の詳細を理解できなくて当然と考えます。

<<仮説７>>
脳細胞の活動は振動となって気の海に拡がる。
脳細胞のネットワークはアンテナの役割を果たす。

Q．脳細胞の何が振動して「気の海」に拡がるのか？

A． 電波は、アンテナ内部の「電子」の振動が周囲の空間に拡がった電磁界です。電子が振動すると、その周囲に電磁界が発生してそれが時間とともに周囲に拡がって電磁波となります。脳細胞の主体は神経細胞であり、電気作用と化学作用で動作しますから電子も振動します。
したがって電波の場合と全く同じであり、実際に微弱な電磁波が放射されます。脳波計や脳磁計はその拡がりを計測しています。
一方、電子の振動とは別に、「気」の振動が「気の海」に拡がり「心」（意識）になります。電子は素粒子であり、素粒子の周囲に「気」が集約しています。そして細胞内の他の構成要素の周囲にも膨大な「気」が集約しています。それらが動くことにより、その周囲に振動が拡がります。「脳細胞ネットワーク」は効率の良いアンテナになると考えられます。
脳細胞が働くと電子が振動して電磁波が発生するのと同時に、「気」が振動して「気の海」に拡がり「心」（意識）となります。両方が同時に進行して拡がります。
なお、電磁波の速度は「光速」で有限ですが、「気」の振動は時間・空間を超越するので、瞬時に伝わります。

Q．「心や意識」は脳細胞の活動によってのみ生ずるのではないか？

A． 現代科学ではそのように考えられています。しかしそれだけでは説明できない事象が現実にたくさんあります。例えば、脳細胞の活動が停止している重病人でも「意識」を持っていると考えられる症例がたくさんあります。母親の胎内で成長途上の、脳が未成熟な胎児でさえ「意識」を持っていると考えられる事例があります。脳細胞の活動だけで心や意識を説明するのは無理があると考えます。

<<仮説８>>
心（意識）によって気が誘導されエネルギーが運ばれる。
心（意識）は物質に影響を及ぼし得る。

Q．証拠があるのか？

A.状況証拠があります。簡単な気功でエネルギーの移動や流れを感じることが出来ます。また合気道や太極拳など「気の武術」を習練すれば、もっと明確に体感し、実感することができます。今までの狭い世界の常識を覆さざるを得なくなります。
何よりもご自身が体感されることが重要です。他人がやっているのを見たり、あるいは話を聞いただけでは、なかなか信じられないと思います。是非自ら試してみてください。世界観が変わります！
海の水には様々な振動や動きや流れがあります。「津波」は個々の水分子の動きが集積した結果ですが、巨大なエネルギーを運ぶことは誰でも知っていますね。個々の水分子の動きが「意識」に相当します。「意識」が集積するとエネルギーを運ぶのです。

なお、心の物質への影響に関しては、「地球意識プロジェクト」の結果が証拠の一つといって良いと思います。このことは現在の「量子論」に影響が及びます。「量子論」では、この宇宙に働く「力」は、たった４種類だけであるとしています。しかし私は「意識による力」を加えて、５種類に変更する必要があると考えます。

<<仮説９>>
生命体に生ずる心を「意識」と呼ぶ。
意識の主体を「自我」と呼ぶ。
生命体は自我を中心にして生命活動を営む。

Q.「意識」は人間など高等動物だけがもつのではないか？

A.生物学者を含めて多くの科学者は、そのように考えているようです。しかし、それでは第３章でご説明してきた動植物や単細胞生物などの見事な生命活動や、様々な不思議を説明することは困難です。擬態、カモフラージュ、花の戦略、食虫植物、共生、粘菌などとても説明できないと思われます。
当然、ダーウィンの突然変異と適者生存だけで説明するのは無理があるのです。脳を持たない動物や植物や細菌でさえも意識をもつと考えないと、様々な不思議を読み解くことができません。抗生物質と薬剤耐性菌の例で明らかと思います。

<<仮説１０>>
全ての生命体は意識を持つ。
脳を持つ動物は顕在意識と潜在意識を持つ。

Q.顕在意識と潜在意識の違いは何か？

A.顕在意識の舞台は主として脳であり、潜在意識の舞台は「気の海」すなわち宇宙空間そのものです。前者は物質であり、後者は非物質の世界であり脳の外側に拡がって存在します。全く異質です。
脳を持たない生物は顕在意識を持ちません。顕在、潜在の区別のない意識、潜在意識に近い意識を持ちます。潜在意識は「気の海」の振動ですから宇宙空間全体に拡がっています。そしてコンピュータに例えると「インターネットの雲」に相当します。
そのため、潜在意識はインターネットに良く似たところがあり、驚くような様々な特性を持ち、大宇宙の不思議に大きく関与しています。

Q.意識の大元は何か？

A.無数の生命体に生ずる心が「意識」です。意識の大元は「生命体」ということになりますが、それだけなのか、ひょっとすると他に意識の大元があるのかも知れません。
何故なら、この宇宙に生命体が生ずる以前から「気の海」は存在し振動していた筈ですから、その振動に応じた「心」があります。もしその「心」が意味と情報を持っていたとしたらそれは「意識」であるということになります。
その大元の「意識」がどのような意識なのかは解かりません。ひょっとすると、物質を作り、天体を作り、宇宙を作り、生命体を作ろうとする意識であった可能性もあり得ます。その場合は、天地創造主と同様の「意識」であったことになりますが、今のところ何の裏付けもありません。

<<仮説１１>>
すべての生命体は「気のからだ」に包まれている。
「気のからだ」は「肉体のからだ」にエネルギーと情報を供給する。

Q.「気のからだ」と「肉体のからだ」の対応は？

A.「肉体のからだ」を成り立たせるためには、「気のからだ」が必要です。
肉体は物質ですが、物質を成り立たせるための「エネルギーと情報」を「気のからだ」が保持しています。
例えば、受精卵が卵割して成長し、成体になっていく各過程で、遺伝子の情報を使いますが、どのタイミングでどの遺伝子をON、OFFさせるのかという情報は、「気のからだ」の中の「エネルギーと情報」、そして

「生命情報」を使うと考えます。
実際には、物質は多層構造になっています。したがって「気のからだ」も多層構造になっています。
すなわち、素粒子の「気」、原子の「気」、分子の「気」、細胞の「気」、器官の「気」、臓器の「気」、人体の「気」などが重なり合い、多層をなしてそれぞれの物質を成り立たせていると考えます。これらの総体を「気のからだ」と呼びます。
なお、「気のからだ」は高次元に属していますから「肉体のからだ」の中に収まっているわけではなく、宇宙空間に拡がっています。便宜上、肉体のからだを包んでいると表現しています。

[意識の特性]

> **<<仮説１２>>**
> **人類の「意識」は互いにつながり得る。**

Q.何故「意識」がつながり得るのか？

A.「気の海」の振動が「心」であり「意識」です。「気の海」の中に境界はありませんから、全ての人の「意識」は、条件が整えば他の人の「意識」とつながり得ると考えられます。

Q.意識がつながる条件は何か？

A.具体的な条件はよく解かりません。
人は誰でも潜在的に他の意識とつながる能力を持っていると考えますが、実際につながる能力を発揮できる人は現状では少数です。１つは家族環境がありそうです。つながる能力は個人が持ちますが、祖父母などに能力を持つ人がいる場合、その家族にも能力を持つ人が出るケースが比較的に多いようです。また高熱を発症した後に、突然につながる能力を持った人も多くおられます。
この能力は特殊な人だけが持つのではなく、人間なら誰でも持っている隠された能力、通常は表に出にくい未知の能力と考えます。したがってトレーニングによって、つながる能力を身につけられると考えられます。ひょっとすると意識を集中することによってラジオの電波を選択するような感じなのかも知れません。

<<仮説１３>>
「意識」は消えずに残り得る。

Q.意識が消えずにいつまでも残るというのは信じ難いが？

A.確かに俄かに信じられないですね。でも時間の流れがあるから、何かが現われたり消えたりするわけですから、もし時間の流れが無かったら、一度現われたものは消えないと考えることができます。
物質が存在できる３次元空間では時間の流れがありますから、現われたり消えたりします。しかし高次元空間では時間の流れはありません。「心や意識」は非物質であり高次元に所属するので、３次元空間＋時間　の制約を受けません。したがって一度現われた意識は消えずに残り得るのです。
残る、と言い切らずに残り得る、と言っているのは、未来永劫全く変わらずに残るとは言い切れないからです。何故なら、心や意識は「気の海」の振動です。気の海はエネルギーの海ですから絶えず動いています。したがって心や意識も変化し得るからです。

<<仮説１４>>
「意識」の変化の集積が生命体を進化させる原動力になる。

Q.どうして意識の変化が肉体の変化や進化を促すことになるのか？

A.「仮説８」の通り、意識によって気が誘導されエネルギーが運ばれます。そして意識は物質に影響を及ぼし得ます。
人間のような高等動物だけでなく、小動物や植物や単細胞の細菌類でもそれなりの意識を持ちます。この意識は生き抜こうとする意志でありエネルギーであり情報です。生存にとって厳しい環境であればあるほど意識の力が働きます。まず個体内で何とか困難を克服しようと動いたり、戦ったり、逃げたりします。
それだけで対処できない場合は、からだの一部を変化させようと試みます。そして可能な範囲で個体の小変化を模索します。１個体だけでなく、同種の多くの生命体の意識が同じ方向を指向すると、気のエネルギーの集積と流れと増幅が起こります。
その結果、その「種」の大元の「生命情報」に変化を与えることができると、遺伝子を書き換えられる可能性があります。すなわち、「意識」の変化の集積が、個体の小変化を起こすだけでなく、進化の原動力になり得ると考えられます。
「仮説１０」で「ペニシリン」を例にして、「抗生物質」と「薬剤耐性菌」を巡る細菌たちの攻防をご説明しました。大自然では単細胞の細菌たちが、互いに競い合って猛スピードで進化を遂げています。生き残ろうとする明確な「意識」を持っているからこそ、進化が促されると考えます。

[いのち、叡智]

<<仮説１５>>
「いのち」は「生命エネルギー」であり、「生命情報」を内包する。
「いのち」は「肉体のからだ」と「気のからだ」を統合して、「生」を生じさせ「意識」を生じさせる。

Q.生命エネルギーはどこから来るのか？

A.詳しいことは解かりませんが次のように考えています。

生物の各「種」ごとに「生命エネルギーの大元」があると考えます。生命エネルギーの大元は、台風のような強力な渦巻き状の「エネルギーの雲」とイメージします。そして各個体が発生する時に、エネルギーの雲のごく一部が分かれて各個体につながると考えます。
その結果「生命エネルギー」と「生命情報」が各個体に伝わります。「生命エネルギーの大元」は高次元の「気の海」に存在しますから、空間と時間を超越して簡単につながり得ます。「コピー」されると考えても良いと思います。
渦巻き状の「エネルギーの雲」では解かり難い場合は、「燃え盛る松明の炎」と考えてもよいと思います。「燃え盛る松明の炎」の一部がスーッと伸びて各個体に燃え移るイメージで、「生命エネルギー」と「生命情報」が各個体に伝わると考えてもよいと思います。
私たち人間は、本質的に高次元の世界の様子を明確に知ることはできませんから、上記のようなイメージで理解するのが簡単かと思います。
「仮説１４」の通り、各個体の「意識」の変化の集積が大きくなると、逆方向のエネルギーの流れが起き得ます。その場合「生命エネルギーの大元」が変化し、生命体が進化していくことになります。
「生命エネルギーの大元」は、各「種」ごとに「気の海」の中に存在し、その「種」を管理維持しつつ、もし大きな環境の変化が起きれば、それに対応して変化しながら生物を進化、発展させていきます。
なお、「生命エネルギーの大元」の起源は、地球や太陽系だけとは限りません。銀河系や銀河団など広い宇宙全体に起源している可能性があります。さらに138億年前のビッグバンから始まった私たちの知っている宇宙の範囲内とも限りません。
私たちの宇宙の外側に存在し得る、未知の他宇宙から始まっている可能性もあり得ます。
何故なら「気の海」は、空間と時間を超越して無限に拡がっており、他の多宇宙をも全て包含しているからです。私たちの知っている宇宙も、未知の多宇宙も、無限に拡がる「気の海」に浮かぶ一つの宇宙に過ぎないと考えます。
「気の海」は、全ての物質や天体だけでなく、いのち、心、意識、をも包含しています。

<<仮説１６>>
「いのち」を失うと生命体は消滅する。
死後、消滅するものと残存するものとがある。

Q.死後の世界はあるのか？

A.あり得ると考えた方が自然と思います。
「いのち」の「気の渦巻き」の勢力が衰えると生命体も衰え、いずれ死にます。私たちの死後「意識」は「気の海」に残存し、一般的には「霊」と呼ばれることになります。「霊」は、「意識」の一種であり、弱い生命エネルギーを持ちます。すなわち、肉体を持たない生命体として「気の海」に残存するので、その意味において死後の世界はあり得ると考えられます。
ただし、死後の世界は少なくとも言葉や絵でその様子を表現することができない高次元の世界であり、私たちの知っている現実世界と大きく異なると思われます。
もし死後の世界はないと仮定すると、膨大な様々な現象・事例・不思議が説明できなくなり、疑問が噴出してきます。

<<仮説１７>>
人類の「叡智」は集積し残存する。

Q.本当に「虚空蔵」や「アカシックレコード」があるのか？

A.呼び方は別として人類の「叡智」は「気の海」に存在します。
ただし、蔵や図書館のように、一定の場所にまとまってあるわけではありません。高次元の「気の海」の「振動」として、情報として、拡がって存在すると考えます。
本文中で触れた「エドガー・ケイシー」は、特殊なリーディング能力を持ち、主としてアカシックレコード（アカシャ記録）から情報を引き出したと言われています。
本人は医者ではなく医学知識も全くもっていませんでしたが、催眠状態において第三者からの質問に対応してリーディングを行い病気治療に役立てたと言われています。彼のリーディングの記録は14,000件以上にもおよび、利用可能な状態で米国に保管されています。今でもリーディング結果の支持者は大勢いますが、もちろん100%全てが正しかったわけではないと思います。
「気の海」をインターネットの雲ととらえると解かり易いかも知れません。「エドガー・ケイシー」は、医学分野において必要な「叡智」を「検索」する能力を持っていたようです。そして検索方法が不完全な場合は間違った情報を引出すこともあったと考えられます。

[意識の賑わい、神、大宇宙]

<<仮説１８>>
「気の海」は生命体の「意識」で賑わっている。
いわゆる神は「意識と叡智」の高みである。

Q.「生物創造の神」は本当にいるのか？

A.呼び方は別にしても、そのような「意識」が存在すると考えた方が自然と思います。
人間は生物を創造することはできません。現在の科学では、単細胞の細菌ひとつ、はじめから創ることは全くできません。生きた自然の細胞がなければ何もできないのが現実です。
仮に将来、科学が飛躍的に進歩して、様々な原子を自由自在に組み合わせて、高分子のアミノ酸やタンパク質など、細胞の全ての構成要素を人工的に合成できるようになったとしても、それは単なる物質の集合に過ぎません。
それが動きだし、栄養摂取、排泄、分裂、増殖することはありません。物質と生命体との間には、とんでもない巨大なギャップがあります。そのギャップは「生命エネルギー」と「生命情報」であると私は考えています。

「生物創造の神」は、人の姿を持ついわゆる「神様」ではありません。からだを持たない「意識」の集合体であり、「意識と叡智の高み」であり、一種の生命体でもあると捉えます。そして複数存在すると考えます。元々は個々の「意識」が集積され、統合され、昇華された人類の「意識と叡智」が元になっていると考えます。

時々テレビで「ロボット競技大会」の様子が放映されます。定められたルールのもとで、学生のチーム同士が智恵をふり絞って「ロボット」を制作し競技に参加します。学生一人一人が「生物創造の神」に相当し、ロボットは「生物」に対応すると考えると、生物創造の様子が感じられないでしょうか？
学生たち（生物創造の神）は、「気の海」の中で楽しみながら「叡智」を検索しつつ、気楽に新しいロボット（生物）を発想し、企画し、試します。設計や制作の問題点があれば、競技大会で敗れてそのロボット（生物）は消え去っていきます。そして問題点、反省点などが「叡智」に織り込まれていきます。
およそ5億4000万年前に起きた生物の「カンブリア大爆発」の際は、何かの理由で「ロボット競技大会」の制限やルールが大幅に緩和されたり、頻繁に競技会が開催されたのかも知れませんし、あるいは参加する学生数が大幅に増えたのかも知れませんね。

<<仮説１９>>
「意識」を移したりコピーすることができる。

Q.どのようにして「意識」を移したりコピーするのか？

A.コピー機などなくてもできます。
「意識」を移したりコピーする生命体を「操作者」と呼ぶことにします。「操作者」は、先ず移す「元の意識」をイメージします。次に移すべき「先の意識」をイメージします。そしてイメージの中で、「元の意識」を、移すべき「先の意識」に移したり、コピーするとイメージします。それだけです。訓練によって誰でもできるようになる筈です。
「操作者」は、自分自身でもよいし、他でも誰でもＯＫです。また「元の意識」と「先の意識」は、生きた人間の意識でも、「霊」の意識でもＯＫです。
コンピュータの「コピー」、「切り取り」、「貼り付け」と同様と考えます。

<<仮説２０>>
継続する強い願いは実現し得る。

Q.物やお金など物欲の願いも実現し得るのか？

A.願いにもいろいろあります。幸せになりたい、対人関係を改善したいなど、「心」の中だけで完結する願いの方が実現し易いように感じます。しかし物やお金を得たいという願望も実現し得ます。強い願いは、強い意識であり、エネルギーを伴います。「仮説８」の通り、心（意識）は物質に影響を及ぼし得るのです。ただし、エネルギーがその場で凝縮して、欲しいものが３次元プリンタのように製造されるということではありません。
その状況に応じて、回り回って物が手に入るようになると考えます。

強い願いは潜在意識に働きかけます。潜在意識は「気の海」の振動であり、無限のエネルギーと情報を持っています。「気の海」の中の無数の「意識」のうち、願いに関係するいくつかの「意識」が誘起されます。それらは「叡智」を検索するなどあらゆる手立てを駆使して実現を模索します。
当然、潜在意識が実現不要と判断した身勝手な願いは放置されます。潜在意識の中では、高い意識が働き、総合的な判断力がなされると考えられます。「仮説１８」の通り、「気の海」は「意識の高み」で賑わっているのです。

<<仮説２１>>
「気の海」には多数の「宇宙」が浮かんでいる。
私たちの「宇宙」もそれらの一つである。
「気の海」は、天体、物質、非物質、多宇宙など、すべてを包含する「大宇宙」である。

Q.「宇宙」と「大宇宙」の違いは？

A.「宇宙」は、私たちが普通に考えている宇宙であり、太陽系や銀河などの天体や、人間や生物を含む物質とエネルギーを主体にした宇宙です。ここでの「大宇宙」は、それらに加えて「気や心や意識やいのち」など非物質をはじめ、すべてを包含する無限大の宇宙です。
「宇宙」は、３次元空間と時間の制約を受けますが、「大宇宙」はその制約を受けずに、高次元空間にまで拡がっています。
「大宇宙」は、「根源のエネルギー」が無限に拡がる宇宙であり、「気の海」と同一です。「気の海」は、物質、非物質はもちろん、すべての存在と現象の舞台であり、揺りかごであり、ふるさとです。
さらに、広大無辺の「気の海」の中に、多数の「宇宙」が浮かんでいると考えます。そのうちの１つが私たちの「宇宙」です。「宇宙」は「気の海」から見ると、「サブ宇宙」の位置づけになります。

そして、「気の海」は高次元空間であり、多くの「宇宙」は３次元空間と思われます。
「気の海」は、物質や天体はもちろん、心や意識やいのちなど、あらゆるもので賑わっています。大宇宙の本態は「気の海」であり、ここから全てが生まれると考えます。

［６－３］　様々な不思議と仮説との関連

第１章に関する不思議

１．ブラックホールの不思議（第１章［１－６］）

ブラックホールは、アインシュタインの一般相対性理論によってその存在が理論的に予言され、実際にたくさん見つかっています。ブラックホールは周囲の全てを吸い込んで、どんどん重くなって成長していきます。その中心はどうなっているのか、吸い込んだ物質はどうなるのか、ブラックホール自身の最後はどうなるのか、現代科学では解明できていません。ブラックホールは不思議に満ちた未知の天体なのです
しかし、一般相対性理論と量子論を包含する「究極の理論」が完成すれば、ブラックホールの中心を計算することができ、その内部の様子や将来を知ることができるかも知れません。

私の「仮説３」によると次のような推論が可能になります。
ブラックホールの中心に吸い込まれた物質や素粒子の一部が、「根源のエネルギー」に還元される可能性があります。ブラックホールの中心という特殊環境下で、物質が「根源のエネルギー」に戻り、周囲の宇宙空間に拡がっていきます。「根源のエネルギー」は物質ではありませんから重力の影響を受けず、周囲に拡散していきます。
すなわち、物質は周囲からブラックホールの中心に集まり、逆に「根源のエネルギー」は中心から外側へ拡散して、ある程度のバランスが図ら

れると考えます。その場合、ブラックホールの寿命は、今科学者たちが想定している超長寿命より短くなりそうです。

138億年前、ビッグバンによって始まった私たちの宇宙は、高次元空間に浮かんでいる物質次元の１つの「サブ宇宙」に過ぎません。高次元の「気の海」には、私たちの３次元＋時間　の宇宙だけでなく、他の見知らぬ宇宙がたくさん浮かんでいると考えられます。そして絶えず新しい宇宙が生まれていると考えられます。いわゆる「多宇宙論」です。「多宇宙論」はいろいろありますが、「インフレーション理論」や「超ひも理論」によってその存在が予想されています。
単なる想像の域を出ませんが、ブラックホールは新しく生まれる宇宙と密接に関係しているのではないかと私は推測しています。

２．ダークマターの不思議（第１章[１－８]）

宇宙全体のエネルギー構成比は下記です。

〇物質合計　4.9%
〇ダークマター（未知）　26.8%
〇ダークエネルギー（未知）　68.3%

ダークマターとダークエネルギーは宇宙全体の95%以上を占め、その実態は未知です。ダークマターは重力の作用を持つため、物質であることは解かっています。
現在のところダークマターの正体は不明ですが、候補として下記の２つが上がっています。

◎ニュートラリーノ（未発見）
◎アクシオン（未発見）

両方とも素粒子ですが、理論的に存在が予想されているだけで実際に発見されているわけではありません。ニュートラリーノは第２章でご説明した超対称性粒子の一つです。現在世界中でダークマターの発見競争が繰り広げられており、遠くない将来にその正体がつきとめられると思います。

ダークマターは物質ですから「仮説３」と関係しますが、「根源のエネルギー」と「ダークマター」がどのような条件下で相互変換されるのかについては解かりません。

３．ダークエネルギーの不思議（第１章［１－９］）

ダークエネルギーは物質ではなく「エネルギー」です。形がありませんし観測することができません。ダークマターは質量に応じた「引力」を作用させますが、ダークエネルギーは反対に引き離そうとする「斥力」（反発力、反重力）を及ぼします。ダークエネルギーは、全く正体不明な状態です。現代科学における最大の不思議といっても良いと思います。
ダークエネルギーは、「仮説１」の「根源のエネルギー」と密接に関係します。「根源のエネルギー」は物質の存在を前提にせず、高次元の宇宙空間にも拡がっています。宇宙空間は「根源のエネルギー」で満たされています。「根源のエネルギー」は空間そのものに備わった空間エネルギー、あるいは空間の潜在エネルギーと考えることもできます。
ダークエネルギーは「根源のエネルギー」そのもの、あるいは少し「変化」したものと考えられます。物質の場合は条件によって相や構造が変化しますが、「根源のエネルギー」の場合も、それらに相当する「変化」があり得ると考えます。

第２章に関する不思議

１．万物の根源は何か？（第２章［２－２］）

万物の根源の候補として量子に焦点が当てられ「量子論」が発展しました。
そして素粒子の「標準理論」が実用面で大きな成果をあげてきました。
しかし様々な難問もあり、中でも「重力」を説明できていないという大きな欠点があります。
それだけでなく、基本の標準モデルだけでも素粒子の種類が17種類あり、さらに反粒子や超対称性粒子など影武者の素粒子も加えると、あまりにも数が多くなり過ぎています。また各素粒子の大きさや質量は、重いものから殆ど質量がないものまで10数桁も掛け離れています。万物の根源の説明としてはまだ絞り込まれておらず、シンプルでなく美しくなく、残念ながら不完全な状態に留まっていると考えられます。
「仮説１」～「仮説５」においては、万物の根源は、高次元の宇宙空間に拡がる「根源のエネルギー」であると考えています。エネルギーですから、形も大きさもありません。「根源のエネルギー」が変化したり凝集することで万物が生じると考えます。

２．「究極の理論」と仮説との関係は？（第２章[２－５]）

宇宙の全ての現象を説明するためには、「重力と空間と時間」の理論である相対性理論と、超ミクロの理論である量子論の双方を統合する「究極の理論」が必要になります。
現在この究極の理論に一番近いのが「超ひも理論」であると言われ脚光を浴びています。
「超ひも理論」の一番の特長は、極めてシンプルで直感的で美しいことだと思います。１次元のひもの振動で全ての素粒子を説明できればこの上なく単純明快です。
究極の理論が完成できれば、宇宙の始まりや終わりがどうなのか、ブラックホールの中心（特異点）や先行きがどのようになるのかなどを数式で説明できる可能性があります。しかし、現状はまだ解決すべき問題が複数あって道半ばの段階です。
「超ひも理論」では、「仮説２」の高次元空間を前提にしています。「仮説１」～「仮説５」の「根源のエネルギー」が１次元的に配列して振動すると、様々な素粒子に凝縮して見えると考えられます。「超ひも理論」は私の仮説群とも符合していますので、その完成を期待しています。

３．「対生成、対消滅」（第２章[２－６]）

真空は、一切何も無い空間ですが、実は「真」の「空」など無いことが現代物理学で確かめられています。真空の筈の空間から次々と「素粒子」と「反素粒子」が対になって飛び出します。そして２つが合体するとあと片もなく消えてなくなります。「対生成、対消滅」と呼ばれています。
「仮説１」の通り 宇宙空間は「根源のエネルギー」で満たされています。そして「仮説３」の通り「根源のエネルギー」が凝集すると物質が生じます。
条件が整うと根源のエネルギーが凝縮して素粒子が生じます。条件が崩れると、素粒子が消滅して根源のエネルギーに戻ります。
ただし、根源のエネルギーが素粒子に凝縮するための具体的な条件は不明です。雲や霧の場合は、気温や相対湿度や気圧などで生成条件が規定されます。しかし根源のエネルギーの場合は高次元の世界ですから、３次元空間に住む私たち人間には具体的な生成条件が解からなくてもやむを得ないと考えます。

４．素粒子の連携（第２章［２－６］）

ミクロの世界では、関連する素粒子同士の間で、何らかの連携が行われているように見える現象があります。
２つ以上の素粒子が十分に遠く離れていても、一方の素粒子のある物理量を測定すると、他方の素粒子の測定結果に影響を及ぼすことがあり、このことを素粒子の「非局所性」と呼んだり、「素粒子のもつれ」と呼んでいます。素粒子は物質の最小単位ですから、他と連携することなどない筈ですが、そのように振る舞って見えるというものです。
「非局所性」については、科学者の中でも賛否両論あり、意見が真っ二つに分かれています。そして賛成論者であってもその仕組みを説明することはできていません。大きな謎になっています。アインシュタインは非局所性に反対して有名な「ＥＰＲパラドックス」を提起しています。

「仮説３」の通り、「根源のエネルギー」が凝集すると物質が生じます。そしてその背後に「根源のエネルギー」が集約します。根源のエネルギーは「情報」を内包します。素粒子の背後にも､その素粒子固有の「情報」が付随していることになります。
そして「仮説２」の通り､「根源のエネルギー」とその振動である「情報」は､高次元の宇宙空間に拡がるので､空間と時間を超越します。したがって素粒子がいくら遠く離れても瞬時に連携し得るのです。
「仮説３」は、素粒子の連携を支持し、細部は別としてもそのしくみを説明していることになります。

５．意識と素粒子の関連（第２章[２－６]）

人間の「意識」が「素粒子」に作用を及ぼすことが、漸く一部の科学者たちの研究テーマに挙がり始めました。
１つは、人間の意識によって、２重スリットを通過する光の干渉縞が影響を受ける、すなわち、光子（素粒子）の流れが意識の働きで変化してしまうと言う米国の研究報告です。
もう１つは、量子論の成果（トンネル効果）を応用して厳密に設計された乱数発生器の出力が、大勢の人間の意識によって、通常は起きないほどの大きな出力の偏りを示すという研究、すなわち「グローバル・コンシャスネス・プロジェクト」（地球意識プロジェクト）です。今までの科学常識では説明不可能な現象が、研究実績として積み上がりつつあります。
「仮説８」の通り、心（意識）によって気が誘導されエネルギーが動きます。そして心（意識）は素粒子や物質に影響を及ぼし得ます。デカルト以来、物質と心を切り離すことによって発展してきた科学が、今その根底を見直すべき時期にきています。

６．ミクロの世界の不思議（第２章[２－６]）

ミクロの世界には、他にも多くの不思議が満ちています。私たちの常識から考えると、とても奇妙に見え、直感的に理解し難いことが満ち溢れています。

「仮説４」の通り、物質は３次元空間＋時間　の制約を受けますが、非物質は制約を受けずに高次元空間に拡がります。私たちが認識できる３次元空間は、「物質の次元」です。生命体は物質でできていますから、３次元空間＋時間　の制約を受けています。素粒子も物質ですから同じです。
ただし「心」は物質ではありませんから、３次元空間の制約を受けません。「心」や「意識」は高次元空間の宇宙に拡がっています。

私たちが認識できる３次元空間は、高次元空間の宇宙に浮かんでいる１つの「サブ宇宙」に過ぎないと考えます。３次元空間は、高次元空間に浮かんでいるのですから、その周囲や内部も全て高次元空間に接触し包含されています。
ミクロの世界は、３次元空間と高次元空間の境界面と考えることができます。したがって３次元空間の制約を受けている人間が、高次元に属するミクロの世界の不思議を究明できなくて当然であると考えます。そのためにミクロの世界は、人間から見ると直感的には理解し難い不思議に満ち溢れていると考えます。

第３章に関する不思議

１．生物は何故かくも多様なのか？（第３章［３－１］）

何故生物はかくも多様な「種」を持つのでしょうか？
単純に考えればその理由は簡単です。生物は単細胞生物から始まりました。長い時を経て、何かの理由で最初の「種」が２つの「種」に枝分かれします。また長い時を経て、何かの理由でその「種」がさらに枝分かれして種の数が増えていきます。40億年の生物の歴史の中で環境変化を通して無数の「種」が現われ、また消えていきます。そして次第に多細胞生物に進化し、植物、動物に進化しました。
そして様々な条件の相違によって多様性がさらに拡がりました。

（1）生息領域・環境条件による多様性
（2）エサ・捕食方法による多様性
（3）防御方法による多様性
（4）住みかの多様性
（5）生殖方法の多様性
「仮説１０」の通り、全ての生命体は意識を持ちます。
また「仮説１４」の通り、「意識」の変化の集積が生命体を進化させる原動力になります。生物には、様々な環境変化に対応して「何としても生き残ろう」とする「意識」が働き、その集積が進化に結びつき、様々な機能を持つ生物が無数現われたと考えられます。

２．生物の驚きの機能はどうして？（第３章［３－２］）

生物の不思議の中で際立つのは、実に様々な機能・特性を持つ生物が満ち溢れていると言うことです。動物はもちろん、植物や昆虫、単細胞生物でさえ驚愕するような機能を持ち、あたかも「知性」が働いているよう見えます。
先ず動物では「擬態」があります。それぞれの生活環境に応じて目立たなくなるような外見をもつ生物が多くいます。カメレオンやタコなど積極的に自身の色や模様などを、その場に応じて変化させて、より目立たなくできる生物も多くいます。
植物にも「擬態」があります。ハンマーオーキッドというランは、その形態だけでなく、匂いや触感もハナバチ（蜂）のそれに似せて受粉の手伝いをさせています。植物が特定の動物の雌の形態に擬態している珍しい例ですが、脳を持たない植物がどうしてそんなことを思いついたのでしょうか？　また、植物たちは、悪環境や外敵から自らを守るために様々な「化学物質」を体内で合成しています。
被子植物はきれいな花を咲かせて虫や鳥に花粉の移動を託します。移動できない植物が、移動できる虫や鳥を利用して自らの花粉を遠方の同種植物まで運ばせ、子孫の存続を狙っています。そのために、目立つようなキレイな花びらをつけ、虫や鳥の好きな香り物質を化学合成し、さらに甘い蜜まで製造します。
食虫植物「ハエトリグサ」は、植物とは思えないスピードで虫を捕獲します。一見花のように見える罠の中に虫が入ると、僅か0.1秒で罠を閉じて押し潰し、消化酵素を分泌して消化してしまいます。基本的に動けない植物の分際でどうしてそんなことが可能になったのでしょうか？
単細胞生物では、「粘菌」のように驚きの変身を遂げるものがいます。
その他、共生や食べ分けなど、異種の生物間での協調関係があります。
生物には「意識」や「知性」があるように見えます。

「仮説１４」の通り、「意識」の変化の集積が生命体を進化させる原動力になります。生物には、様々な環境変化に対応して、生き残ろうとする「意識」が働き、その集積が進化に結びつき、様々な機能・特性を持つ生物が現われたと考えられます。
さらに「仮説１８」の通り、「気の海」は生命体の意識で賑わい、「生物創造」を得意とする神もいると考えられます。神といっても人間の姿をした「いわゆる神様」ではありません。「意識と叡智」の高みであり、エネルギーと情報の集合体です。「生物創造」を得意とする神は「叡智」を駆使して、様々な多様な生物を企画しデザインしてきたと思われます。

３．生物は何故動き成長するのか？（第３章［３－６］）

生物の不思議の中で最大なものは、物質の集まりである「からだ」(肉体)が何故、自律的、自発的に動き出すのかという点ではないでしょうか？
原子が集まって分子になり、分子が集まって高分子になります。いかに巨大で複雑な高分子であっても、それは単なる物質に過ぎません。生命体以外の物質は、決して自ら動き始めることはありません。しかし、生命体は自律的に動き、成長します。その相違は何でしょうか？

「仮説１５」の通り、「いのち」は「肉体のからだ」と「気のからだ」を統合して、「生」を生じさせ「意識」を生じさせます。「いのち」は「生命エネルギー」であり、「生命情報」を内包します。

この「生命エネルギー」が細胞に「生」を与え、活動の原動力になります。
生命エネルギーがからだに結びつけば、生命活動が始まり、生命体が動き出します。生命エネルギーが、からだから離れれば死となり、からだは分解し消滅していきます。
もちろん、からだ自身も生命エネルギーを結びつけるための何らかの仕組みを用意しているものと思われます。
「いのち」と言う言葉は、生命エネルギーそのものであり、生命体を動かすための根源のエネルギー（＝気）と全ての情報を内包しています。
精子や卵子をはじめとする全ての細胞には、生命エネルギーが結びつきます。そして条件に応じて生命情報を参照しつつ生命活動が始まります。
受精卵が卵割して胚となり、さらに成長を続けてからだが成熟していきます。老化とともに、細胞や器官が部分的に機能停止していき、全ての細胞が機能停止したとき生命体は死を迎え、生命エネルギーがからだから離れていくと考えます。
生命エネルギーと生命情報の内容は種によって異なります。
生命エネルギーは見えないし直接観測できませんが確実に有るのです。
そう考えないと何も説明できなくなります。

４．遺伝子のON、OFF（第３章［３－５］）

60兆個の人間の細胞は、全て同じＤＮＡを持っているのに、個々の細胞は、筋肉、皮膚、骨、神経、内臓、毛など様々な細胞に分化していきます。何故、同じＤＮＡから機能も形も異なる多種類の細胞に分化していくのでしょうか？
普段は、細胞の中の遺伝子はほとんどが眠っており、いわばスイッチOFFの状態になっています。すなわち遺伝子の機能が発現されません。
個々の細胞ごとに、ＤＮＡの中のどの遺伝子を、どのような条件、タイミングでONにして機能を発現し、いつOFFにするのかが巧みにコントロールされています。そのための情報はＤＮＡ内部には収まりきれません。

「仮説１５」の通り､「いのち」は「生命エネルギー」であり､「生命情報」を内包します。
この「生命情報」の中に、生物の発生、成長、維持に関する情報が含まれていると考えます。
個々の細胞の遺伝子のON、OFFのための情報や、具体的な手順などマニュアルとしての情報も含まれると考えます。それらは全く見えないソフトウェアですから、具体的な構成や内容については解かりません。でも有ります！
生物の発生、成長、維持は、ＤＮＡに書かれた遺伝情報だけでなく、「生命情報」や「気のからだ」の情報にもとづいて有機的に、総合的に行われます。

５．ＤＮＡと生命（第３章［３－５］）

ＤＮＡは生命体にとって極めて重要な遺伝情報を担っています。しかしＤＮＡ自身は単なる化学物質ですから、仮にＤＮＡを細胞の外に取り出してしまえば、それ自身が主体的に動き出すことはありません。ＤＮＡは細胞の中にあってこそ働きが生じます。
それでは、ＤＮＡ情報に基づいて細胞を作り、栄養を吸収し、排泄し、細胞固有の機能を果たし、増殖を行わせる主役は一体誰なのでしょうか？

「仮説１５」の通り、「いのち」は「肉体のからだ」と「気のからだ」を統合して、「生」を生じさせ「意識」を生じさせます。「いのち」は「生命エネルギー」であり、「生命情報」を内包します。
この「生命エネルギー」が細胞に「生」を与え、活動させます。主役は「いのち」です。ＤＮＡは遺伝情報の一部を担う単なる化学物質に過ぎないのです。

6．進化は偶然の結果か？　それとも必然か？（第３章［３－６］）

ダーウィンの進化論では、偶然の突然変異によって発生した変種が、生存競争と自然淘汰によって選択され遺伝すると唱えています（適者生存）。私はそのような例もあると思いますが、多くはないと思います。
「仮説９」の通り、生命体が生きて活動している間、「意識」が発生し自我が生じます。生物にとって環境が良い場合は、敢えて進化する必要はありません。もし環境が悪化して生命維持に困難が生ずると、「仮説１４」の通り、生物の「意識」の変化の集積が生命体を変化させ、進化させる原動力になります。
生物の「意識」は、何とかして生き残ろうと、その能力の範囲内で必死に困難を打開するための工夫を続けます。すなわち生命を維持するために、耐えて、模索して、工夫して、変化して、学習して、発展しようと努力します。そして可能な範囲で個体の変化を誘導します。
すなわち、生物の「生き残ろう」とする強い「意識」の集積が生命体を変化させ、結果的に進化に結びつきます。その意味で進化の具体的事例は、「偶然」の突然変異による場合よりも、変化しようとする意識による「必然」の事例が多いと私は考えています。

7．進化の単位は個体か？　それとも種か？（第３章［３－６］）

ダーウィンの進化論では、突然変異によって個体が変化し、それが徐々に種の中に拡がっていくと考えます。そしてその拡がりのメカニズムの説明に苦労しています。
「仮説１４」の通り、生物の「意識」の変化の集積が生命体を変化させ、進化させる原動力になります。
すなわち、個々の生命体だけでなく、同種の多くの生命体の「意識」が同じ方向を指向すると、気のエネルギーの集積と流れと増幅が起こります。その結果、大きなエネルギーを含んだ「意識」が、大元の「生命情報」に変化を与え、遺伝子を書き換えることができると、個体だけでなくその「種」全体が進化することになります。すなわち、進化の単位は個体だけではなく、むしろ「種」であると考えます。

8．生存競争か？　それとも協調と共生か？（第３章［３－６］）

ダーウィンの進化論では、生存競争すなわち適者が非適者を打ち負かし、競争を勝ち抜いたものが生命を次世代に引き継ぐとしています。しかし実際には、種の中の競争や、種と種の間の生存競争の例は多くはないようです。むしろお互いに協調し、助け合いをし、共に住み分けをして共生、共存している例の方が多くみられます。種の中の協調ならまだしも、異なる種間でも協調・共生が多数行われているのです。

「仮説１８」の通り、「気の海」は生命体の「意識」で賑わっています。そして「生物創造」を得意とする神も沢山おられそうです。生物の属や種ごとに神の専門や担当が決まっているのかも知れません。なお、ここでの神は「意識と叡智」の高みですが、神様も十人十色、性格もいろいろあり得ます。
他の神が創った生物と競争させようとして、ある神が新たな生物を創れば、生存競争が起こります。一方、意志疎通のできた神様同士が協調して新たな生物を創れば、異なる種間でも共生関係が始まります。したがって生存競争と共生、両方あり得ると考えられます。

9．進化の速度が時代によって異なるのは何故か？（第３章［３－６］）

ダーウィンの「突然変異」は、無作為かつランダムに変異が起きるというのですから、時代によって変わらず、いつも同じ程度のＤＮＡの変異が起きる筈です。しかしカンブリア大爆発のように、ある時期に極めて多くの変異が発生するのは何故なのか説明できません。
既に述べたように古澤満の「不均衡進化論」は、ＤＮＡの複製メカニズムの不均衡を提起してこれを見事に説明しています。しかし変異率を制御する具体的な仕組みは解かっていません。
「仮説１４」の通り、「意識」の変化の集積が生命体を進化させる原動力になります。
「意識」の変化は「環境」の変化に対応します。環境の悪化が大きければ大きいほど、生物は生き難くなり「変化」しようと努力します。生き残ろうとする「意識」が強くなります。すなわち、「環境悪化」の速度と大きさによって進化の速度が増すと考えられます。
飢餓状態に置かれた細胞が、頻繁に遺伝子を改変する事例が実際に見つかっています。環境によって遺伝子の変化が促進されるのです。
ただし、未知の他の要因によって進化速度が変化する可能性もあり得ます。

１０．進化論の当否（第３章［３－６］）

様々な進化論がありますが、一体どの進化論が正しいのでしょうか？
ラマルクの「用不用説」、ダーウィンの進化論、ドーキンスの「利己的遺伝子説」、中原英臣らの「ウイルス進化説」、木村資生の「中立進化論」、古澤満の「不均衡進化論」など、それぞれ一面を捉えていると思います。しかし進化の全貌を捉えた総括的かつ完全な進化論はまだありません。群盲象をなでる如くであり、複雑極まりない進化を、一視点からの一面で捉えているに過ぎないと思われます。
「仮説１０」の通り、全ての生命体は「意識」を持ちます。そして「仮説１４」の通り、「意識」の変化の集積が生命体を進化させる原動力になると考えます。
この「意識」とは、何としても「生き延びる」ことです。生き延び、子孫に引き継ぐために、その環境下で生物にできる最大限の努力・変化を能動的に模索し、積み重ねようとする意識です。努力が実った場合、その生物はより良き方向へ変化し、進化して生き延びます。
私の仮説群は、「生物の意識」が進化の原動力になるという新たな論点を提起しています。

第４章に関する不思議

1．人間のルーツと進化の過程（第４章［１－９］）

生物の進化の大筋は「仮説１４」の通りです。人間のルーツと進化の詳細過程はまだ良く分かりませんが、通説の通り、類人猿から枝分かれして、段階的に進化してきたものと思います。
現人類が全て「同一種」である理由については、次のように考えています。人間に限らず全ての生物は、良く似た「種」どうしは長期間の共存が難しいと考えられます。生存時代や生存場所が同じであり、食物や生殖が同様であり、相違が大きくないよく似た種どうしは、総合的に優位な性質を持った種が徐々に繁栄し、劣勢な種は次第に消え去っていくものと思われます。学校などの「いじめ」の構造と似た作用が働くのではないかと推測しています。

2．天才やサヴァンの人々の特異な能力の仕組みは？（第４章［４－２］）

「仮説７」の通り､脳細胞の活動は振動となって「気の海」に拡がります。
そして脳細胞のネットワークはアンテナの役割を果たします。
詳細は解かりませんが、天才や特異な能力をもつ方々は、このアンテナ機能が優れている可能性があります。天才は高性能のアンテナを駆使して、「気の海」の有用な情報を検索し易いのかも知れません。サヴァンの人々は、脳の他の機能が抑制されることによって、相対的にアンテナ機能の比重が高まったのかも知れません。結果的に高性能化したアンテナや回路を使って、視覚や聴覚などの情報を、高速大量に、同時並行的に「気の海」に格納したり引出しているのかも知れません。

3．「心」とは何か？（第４章［４－４］）

「仮説６」の通り、「心」は「気の海」の振動であり、振動に基づく「情報」を持つと考えます。

4．「意識」とは何か？（第４章［４－４］）

「仮説４」の通り、生命体に生ずる心を「意識」と呼びます。「意識」は「心」の一部です。
「意識」も「気の海」の振動であり、振動に基づく「情報」を持つと考えます。生命体の死後も意識は「気の海」に残存します。過去の全ての生命体が抱いた膨大な「意識」が、「気の海」すなわち高次元空間に残っています。条件によっては、それらが集合し、統合され、昇華されて、「意識の高み」や「叡智」になり得ます。「気の海」は様々な「意識」のすみかであり、大宇宙の本態であると考えることができます。

５.「脳」と「心」の関係は？（第４章［４－４］）

「脳」と「心」の関係については３つの説をご紹介しました。「唯物的一元論」、「物心二元論」、「相関的二元論」です。
心は脳の働きの副産物であると考える「唯物的一元論」は間違いと思います。
「仮説７」の通り、脳細胞の活動は振動となって「気の海」に拡がり「心」（意識）となるのですから、「脳」と「心」は密接に関係し合います。ペンフィールドたちの「相関的二元論」が正しいと考えます。

６.「多重人格障害」と「憑依」のしくみは？（第４章［４－４］）

「仮説１９」の通り、意識を移したり、コピーすることができます。ある「意識」が他者に移る、またはコピーされ得ると考えます。すなわち、移された人の自我が、コピー元の他者の意識によって影響されてしまうのです。
コンピュータのソフトウェアに例えると解かり易いかと思います。コンピュータを人間と考え、ソフトウェアを「意識」と考えます。
自分のコンピュータのソフトウェアの一部または大部分が、他のコンピュータから送り込まれたソフトウェアに一時的に置き換わってしまうのが「憑依」です。複数の他のコンピュータから送り込まれた複数のソフトウェアに次々と一時的に置き換わってしまうのが「多重人格障害」

です。

7.「いのち」とは何か？（第4章［4－5］）

「仮説15」の通り、「いのち」は「生命エネルギー」であり、「生命情報」を内包すると考えます。そして「いのち」は「肉体のからだ」と「気のからだ」を統合して、「生」を生じさせ「意識」を生じさせます。

8．臨死体験はあり得るか？　（第4章［4－5］）

臨死体験は、死後の世界の事前体験なのか、あるいは物理的な脳内現象による単なる幻覚に過ぎないのか、2つの考え方があります。前者は死後の世界があるとする立場に立ち、後者はそんなものはない、死んだら全て無になると考える立場に対応します。
「仮説16」～「仮説19」の通り、生命体の死後、肉体を失っても「意識」は残り、肉体を持たない「霊」と呼ばれる生命体となります。したがって死後の世界はあり得ます。
ただし「霊」は高次元の「気の海」の存在ですから、死後の世界が具体的にどのようなものなのか私たちには解かりません。臨死体験は実際に死ぬときと全く同じではないにせよ、それに近い体験をしている可能性があり得ます。

9．生命の起源は？（第4章［4－5］）

生物の起源を説明する仮説をいくつかご紹介してきました。
○深海の「熱水噴出孔」付近に生息する「高度好熱菌」が起源ではないか。
○隕石中などに含まれるＤＮＡ因子などが地球上で進化したのではないか（宇宙飛来説）。
○「ＲＮＡワールド仮説」
○「ＧＡＤＶ-タンパク質ワールド仮説」（池原健二氏）

ただし上記の仮説はいずれも、物質としての生命体の始まりを説明できたとしても、非物質の「いのち」の始まりについては全く触れていません。物質が集合しただけでは生命体として動き出しません。
「仮説１５」の通り、「いのち」の本質は「生命エネルギー」であり「生命情報」です。そして「いのち」の本体は高次元の「気の海」にあり、それが個々の生物発生の際にコピーされて、生物が成長、発展していきます。
高次元の「気の海」は、太陽系や銀河系などに留まらず「大宇宙」全体に拡がっています。したがって何億光年も離れた遥か彼方で生息した「いのち」も「気の海」に存在し得ます。高次元では空間と時間を超越しますから、距離や時間差は影響しません。
私たちが見てきた地球上の生命体の一部も、ひょっとすると地球外の「いのち」すなわち、「生命エネルギー」と「生命情報」の影響を受けている可能性があります。

「地球外生命体」の存在を否定することはできません。広い宇宙全体を考えれば、地球と似た環境を持つ惑星は多く存在し得ます。それらの中で生命体が発生する可能性は十分あり得ます。ただし、人類や類人猿などに近い生命体はそれほど多くないかも知れません。しかし、単細胞生物など発達段階の低い生命体は、広範囲に存在し得ます。例えば、木星など他の惑星の衛星や、火星の外側の小惑星帯など、あるいは彗星の中やその飛散物からでも発見される可能性があります。

さらに、「仮説２１」の通り、「気の海」には私たちの宇宙以外の他の宇宙も浮かんでいます。したがって、それら他宇宙の「いのち」の影響を受ける可能性があり得ます。「気の海」は全てを包含しているからです。
昆虫類は、他の魚類や爬虫類や哺乳類と比べると形態がかなり変わっていると思いませんか？　昆虫類の「生命エネルギー」と「生命情報」は、他の惑星や、ひょっとすると他宇宙のそれらの影響を受けているかも知れませんね。

１０．虫の知らせ・テレパシー（第４章[４－７]）

「仮説１２」の通り、人類の「意識」は互いにつながり得ます。したがって、虫の知らせ・テレパシーはあり得ます。
人類の「意識」は互いにつながり得るのですから、他人の心や感情を感じとることがあっても不思議ではありません。距離が離れていても、時間差があっても心が通じ得ます。ただし、誰でもできる具体的な方法や技術はあまり知られていません。

１１．透視・リモートビューイング（第４章[４－７]）

「仮説６」の通り、「心」は「気の海」の振動に基づく「情報」を持ちます。
「仮説６」と「仮説１２」により、透視・リモートビューイングはあり得ます。
「心」は「気の海」の振動であり高次元空間に拡がっていますから、空間と時間を超越します。空間を超越するということは、「意識」が遠く離れた場所の風景や装置まで拡がり得ます。そしてその情報が、脳細胞のネットワークによって、感じられるまたは見える可能性があり得ます。

１２．リーディング（READING）（第４章[４－７]）

「仮説１２」により、人の心を読む能力を持ち、リーディング（READING）ができる方が少なからずおられます。悩みを抱える相談者と相対して、悩みの原因や解決法を読み解ける方々の事例がたくさんあります。ただし、リーディングの結果はいつも正しいとは限りません。本質的に客観性、再現性が十分ではない「意識」の働きに拠っているからです。

１３．予知能力（第４章[４－７]）

「仮説６」により、予知能力はあり得ます。

「心」は「気の海」の振動に基づく「情報」を持ちます。「気の海」は高次元ですから、空間と時間を超越します。時間を超越するということは、時間の流れがなくなり、過去・現在・未来の区別がつき難くなる、あるいは並立することを意味します。したがって偶然に「気の海」の中の未来の情報が検索されると、結果的に未来を予知することがあり得ます。

１４．念力・サイコキネシス（第４章［４－７］）

「仮説８」の通り、心（意識）によって気が誘導されエネルギーが動きます。そして心（意識）は物質に影響を及ぼし得ます。
したがって、念力・サイコキネシスはあり得ます。

上記の１０．～１４．は、人間なら誰でも持っている隠された能力、通常は表に出にくい未知の能力の一部と捉えます。現実には、誰でもできるわけではありませんが、生まれつき能力を持っていたり、何かのきっかけで能力が表に出てくることがあるようです。訓練によって能力を開発できる可能性もあり得ます。
当然ながら、行う人の能力によって大きく左右されますし、その時の状況によって出来たり出来なかったり、その結果の信頼性にもバラツキがあり得ます。「意識」の働きは、物理現象のように常に明確な結果を伴うとは限らないのです。
これらの能力は私の仮説群によって大筋を説明することができます。そして、もともとは生命を維持するための基本的な能力の一部であったと思われます。しかし文明の発達とともに、それらを使わなくても安全に快適に過ごせるようになった結果、次第に能力が退化しつつあるのかも知れません。

１５．生まれ変り・輪廻転生（第４章［４－７］）

「仮説１６」により、私たちの死後の「霊」が「気の海」に残存します。場合によっては、「霊」または「霊の変化したもの」がコピーされて、新しく誕生する生命体に宿る可能性があり得ます。したがって生まれ変り・輪廻転生を否定することはできないと思われます。

以上、様々な不思議と「仮説」との関連をご紹介してきました。
２１の仮説群は、根源のエネルギー、気、心、意識、いのち、生命エネルギー、叡智など、ほとんどが見えない非物質に関する仮説であり、それらの共通舞台は、高次元空間に拡がる広大無辺な「気の海」です。「気の海」は、物質、非物質はもちろん、すべての存在と現象の舞台であり、揺りかごであり、ふるさとです。
「気の海」は、物質や天体はもちろん、心や意識やいのちなど、あらゆるもので賑わっています。「気の海」の中に境界はありませんから、心や意識やいのちなど、あらゆるものは互いにつながり得ます。すなわち、全宇宙の存在は単独で存在するのでなく、相互に影響しあう存在と考えられます。
このことが理解できると人間としての「生き方」も自然に変化してきますが、残念ながら今回は紙数の制約からこれ以上踏み込むことができません。

［６－４］ 真理追究の手法

１.「科学の手法」と「共感の手法」

真理を究明する方法はいろいろありますが、２つに大別して考えることができます。
１つは「科学の手法」です。
現象を観察し、分析し、推論し、仮説を立てて、実証していく「科学の手法」は、物質とその現象の究明に対して大成功してきました。頭脳をフル回転させ、実験を重ねて、理詰めで解決していく手法です。
「科学の手法」の特徴は、分析的、解析的であり、際限なく細部を探求していきます。しかし限界があり、かえって全体が見えなくなる欠点があります。現代科学のように、物質の究明が進んで素粒子のミクロの世界に至ると、今までの概念が通用しなくなり先に進め難くなってしまうのです。さらに、対象が非物質の場合は、「科学の手法」はなかなか通用しません。観察も実証も容易ではないからです。

もう１つは、「共感の手法」です。
リラックスして頭をカラッポにして、真理と共感、共鳴する手法です。瞑想や座禅や気功などがこれにあたります。お釈迦様が悟りを開いたのもこの方法です。
頭脳をフル回転させるのでなく、むしろ頭脳を休めて意識の拡がりを待ちます。そして「気の海」の「意識」と共鳴していきます。「叡智」とつながることで、いわゆる「悟り」を開く可能性もあります。
「共感の手法」の特徴は、全体的、包括的、総合的な真理の把握です。心、意識、気、いのちなど非物質に関わる真理や、物質と非物質の境界領域では「共感の手法」が役立つと思われます。
実際には、「科学の手法」と「共感の手法」を二者択一するのでなく、両方を組み合わせることが出来ればベストと思います。それぞれの短所を補い合えるからです。

２．からだを使う「体験」

私の仮説のいくつかは、「共感の手法」によってヒントを得ています。
私の場合は、瞑想や座禅ではなく、「気功」を多用しています。具体的な方法は、気功法、呼吸法、太極拳、イメージトレーニング、自力整体などです。特に「歩きながら行う気功」が役立ってきました。「歩きながら行う気功」は足腰だけでなく、上半身や内臓も動員して、からだ中の気の循環を高めていきます。健康効果だけでなく、「気の海」とつながり易くなるように感じています。
拙書「ガンにならない歩き方」（本・電子書籍）をご参照ください。

実は、「真理」を追求する上でも、頭脳を使うだけでなく、からだを動かして「体験」することがとても重要と思います。人間は「動物」であり、からだを動かすことを前提にして設計されているのです。
人間には泳げる人と泳げない人がいます。上手に泳げる人はからだを使い、泳いでいる間、頭脳はあまり使いません。上手に水泳ができるようになると、大げさに言えば世界観が拡がります。からだを使った気持ち良さや、爽やかさを実感することができます。海中の珍しい動植物を眼のあたりにして感動することができます。今まで気づかなかった感覚、感性が磨かれていきます。次第に意識が拡がる場合もあり得ます。
一方、水泳の本を買ってきて、泳ぎ方のコツを読んで頭脳をフル回転させても、理詰めだけで泳げる人は少ないでしょう。実際にからだを使う方法と、「体験」せずに頭脳だけを使う方法とでは結果に大きな相違があります。からだを使うと「人間の総合機能」を引出し易くなります。からだを使って体験を積み重ねる方法と、頭脳だけに頼る方法とでは根本的な大きな差があると考えています。

気功法、呼吸法、太極拳、イメージトレーニング、自力整体なども、からだを使い、「気」の流れを活性化させます。継続していると、見えない働きを感じるようなります。今まで気付かなかった様々な現象に驚愕し、また様々な不思議に遭遇します。今までの世界観が如何に狭小であったか思い知らされます。

一連の仮説の中で、最もご理解頂き難い仮説は、恐らく下記ではないかと思います。
<<仮説７>>　脳細胞の活動は振動となって「気の海」に拡がる。
脳細胞のネットワークはアンテナの役割を果たす。
<<仮説１０>>　全ての生命体は意識を持つ。
脳を持つ動物は顕在意識と潜在意識を持つ。
実はこれらも「共感の手法」で得られた仮説ですから、ご理解いただき難いと思われます。
しかし、わずか百数十年前は、電波のしくみは知られていませんでした。当時の人々から見れば、見えない電波がテレビや情報伝達に利用される様子を見て驚愕すると思います。でも電波は、アンテナ内部の「電子」の振動が周囲の空間に拡がった電磁界であり、広く活用されています。同様に、細胞が活動すると、細胞内の「気」の動き、振動が周囲に伝わり、「気の海」すなわち宇宙空間にも拡がり「意識」（情報）になると考えればそれほど不思議ではないかと思われます。

多くの科学者は頭脳を使って理詰めで追及しようとします。しかし限界があります。現代科学のように壁にぶつかって動きが停滞気味になります。見える世界が限界に近付き、一方見えない非物質の世界にはなかなか踏み込めません。
出来ることなら頭脳による科学の探求だけでなく、からだを使う様々な「功法」を試される方々が増え、私の仮説をすんなりご理解いただける方々が増加することを願っています。

3．私の立ち位置

私は健康上の理由から「気」の世界を知ることになり、40代から「気功」を中心にして、気や、心や、いのちなど、見えない世界の様々な不思議を体験し実感してきました。そしてどのように考えたら不思議が説明でき解消されるのかを模索してきました。何事も最初から否定するのではなく、可能な限り自分自身で試してみる、試せない場合は経験者を探し様々な角度から話を聞いてみる、色々な情報を集めて、できるだけ複数の視点から探求してみるように心掛けてきました。
一方、子供の頃から科学に興味をもって生きてきましたので、科学が全く解からないわけでもありません。科学と非科学の両方を浅く広く見守ってきた立場から、見えない世界に関する考え方の一つとして、私なりの考えを発信するべきではないかと考えるようになりました。特に、科学に興味をお持ちの方々に、見えない世界にも意識を拡げて欲しいと願って本書を記述してきました。
私の立ち位置は、もちろん科学を否定するわけではありません。また非科学を否定したり、逆にのめり込むわけでもありません。科学と非科学を平等に眺めわたして、両者を結びつける考え方を確立したいと考えています。

[6－5] 宇宙論と関連する分野

宇宙のしくみを考える学問は一般的に「宇宙論」と呼ばれ、「天文学」と密接に関連します。宇宙論は、古代インド、古代ギリシャの時代から様々ありますが、大きな流れとしては、天動説の祖と呼ばれる古代ローマ時代のプトレマイオスから始まったと言われています。以後、コペルニクス、ガリレオ、ケプラー、ニュートンを経て、アインシュタイン、ガモフらの様々な宇宙観に繋がっています。
なお現代では、「人間原理」と呼ばれる宇宙における人間の存在を重視する考えが学者たちの賛否を分かち、また様々な「多宇宙論」(パラレル宇宙論）が論議の的になってきています。
人間原理にはいくつかありますが、その論拠は宇宙の観測事実に基いています。すなわち、この宇宙を支配する様々な物理法則、物理定数などが、人間という知的生命体が存在するために絶妙に調整されているのではないかという考えです。
宇宙のしくみを考える場合、当然ながら様々な学問、分野が関連します。天文学、物理学、化学、生物学、自然科学、哲学は当然ですが、他に心理学、宗教、神学、気功、ヨガなどいろいろな分野に関係します。
特に「心」の追及に関しては、精神世界、スピリチュアリズム、ニューエイジ運動、ニューサイエンス、神智学、トランスパーソナル心理学など様々な潮流、分野があります。
紙数の制限でこれらに一歩も踏み込めなかったのが残念です。

あとがき

「大宇宙のしくみ」に関する私の仮説群は如何でしたでしょうか？
これらの仮説は、私がこの30数年間に体験し実感してきた様々な説明困難な事例を、大筋として説明し、不思議を解消することを主眼にしてまとめてきたものです。第１章〜第４章で代表的な不思議をご紹介してきましたが、実は他にも様々な不思議を実感し体験してきました。それらも含めて説明しようとすると、結局「大宇宙のしくみ」にまで遡り範囲を拡げて考えざるを得なくなりました。

この仮説をご理解いただける方はとても少ないのではと危惧しています。そのため、冗長のそしりを覚悟のうえで、少し形を変えて繰り返し同様な説明を重ねてきました。少しでもご理解いただきたいと願っているからです。
科学が得意でない方々にとっては簡単にはご理解頂けないかも知れません。現代科学の成果をベースにして、その上で考察対象を「非科学」の領域にまで拡げているからです。
一方、科学が得意であっても、「非科学」に興味のない方や、身体を動かすことによって得られる様々な「体験」をされていない方にとっては、理解不能な「たわごと」として感じられることと思います。
なかなかご理解頂けないのを承知の上で、敢えて仮説をご紹介してきたのは、現代物理学を中心とする「科学」と、見えない世界を対象とする「非科学」が、あまりにも分離し過ぎているからです。特に、現代科学は「唯物科学」と呼ばれても過言ではないくらい、「物質」に偏重しているように感じています。その中で大変大事なことが忘れ去られています。
宇宙は、物質とエネルギーだけで構成されているわけではありません。人間をはじめとする様々な「生命体」が宇宙の重要な構成要素であり、人間にとっては、それらに関わる様々な現象、そしてそれらと物質との関わりが、より重要であると考えられます。

劇場に例えると、物質だけの宇宙は、劇場の建物と舞台装置に過ぎず、本当の主役は、役者、スタッフ、観客、そして制作者、すなわち「人間」であると考えられます。主役を無視して舞台装置だけに意を注いでも芝居は成立しません。

人間には「心や気やいのち」が深く関わっています。多くの科学者は、それらに目を向けません。我関せずと放置しています。全く無関心の科学者もおられます。しかし、デビッド・ボーム、エルヴィン・シュレーディンガー、ブライアン・ジョセフソンなど一部の科学者は、この宇宙の本質は物質だけでないことを認識し思索を続けてきています。しかし広範かつ具体的な宇宙モデルの提案には至っていません。心やいのちまで含めた宇宙論はとても少ないのです。

私の仮説は、物質宇宙に関しては現代科学の成果を基本的にそのまま受け入れ、それらと「心や気やいのち」など非物質とを関連づけようとしています。物質と非物質を結びつける世界初めての「統合宇宙論」と言ってよいのかも知れません。
「統合宇宙論」と言っても、全てを網羅しようするものではありません。物質に関しては科学の最新成果を受け入れ、非物質に関しては宗教や心理学やスピリチュアリズムなどの流れを尊重します。そしてそれらの間の原理的、共通的なつながりを説明することによって、大宇宙全体を大掴みで把握し、様々な不思議を解消しようとするものです。

残念ながらこの仮説群を証明することはできません。何故なら、高次元に属する「根源のエネルギー」、「気」、「気の海」、心、意識、いのち、などを対象にしているからです。３次元に属する人間は、高次元の現象を観測したり詳細を具体的に認識することが原理的にできないからです。逆に、これらの仮説が間違いであることを証明することもできない筈です。
私の仮説で説明できないことは多々ありますが、私の仮説に反するような具体的な事例には今まで遭遇していません。大事なことは、様々な不思議が少しでも解消できるかどうかではないかと思います。いくら科学的な厳密性に固執しても、様々な不思議がいつまでも解消されずに空白領域が放置されるのは望ましい状態ではないと考えます。特に「人間や生物」に関する学問領域は、医学、生物学、心理学をはじめとして大きく立ち遅れていると感じています。

幸いなことに今、「追い風」が吹き始めています。
少しずつですがＮＨＫテレビや英国ＢＢＣなどで、見えない世界に対する科学的なアプローチを紹介し始めています。テレパシー、リモートビューイング、リーディング、予知能力、サイコキネシス、輪廻転生などの研究実例が多くの映像で報告されてきています。

もう一つはインターネットの普及です。特にスマートフォンが爆発的に普及してきた今、10～20年前ではなかなかご理解頂けなかったインターネットの特性をご理解いただき易くなりました。心の世界はインターネットと良く似た特性を持っているため、相似的に心の世界、潜在意識の世界の特徴をご理解頂き易くなってきたと感じています。
<<仮説１２>>　人類の「意識」は互いにつながり得る。
<<仮説１３>>　「意識」は消えずに残り得る。
<<仮説１７>> 人類の「叡智」は集積し残存する。
などです。

様々な不思議が多少なりとも軽減できたと感じていただければ幸甚です。もちろん完全に納得することはできないと思います。何故なら、私たち人間は高次元のしくみの細部は解からなくて当然なのです。その意味で割り切りが必要と思います。大筋が納得できれば良しとせざるを得ないと私は考えています。
今回は「大宇宙のしくみ」に関わる重要な21の仮説に留めましたが、世の中にはまだまだ無数に不思議があります。今回は敢えて踏み込まなかった分野の不思議も多数あります。今後それらも少しずつ追及して仮説を追加していこうと考えています。

本書は、2014年1月から2015年11月までの間、隔週で発行してきたメールマガジン「宇宙の不思議・いのちの不思議」を基本的にそのまま書籍にしたものです。したがって、記事内容は、2014年〜2015年時点の情報に基づいています。
最後までお読み頂きありがとうございました。

著者プロフィール

関口　素男（せきぐち　もとお）

１９４１年東京生まれ。１９６５年東京電機大学電子工学科卒業。同年横河電機株式会社（大手計測制御機器メーカー）に入社。産業用コンピュータのシステム開発に長年従事。
仕事に熱中し過ぎて３０歳頃からギックリ腰を頻発。腰椎下部を大破して重症の脊椎管狭窄症に苦しむ。名医を訪ねて関東一円はもとより九州宮崎まで出向いて治療を受ける。４０歳代になって、遂に他力ではなく自力で治すしかないことに思い至り軌道修正。
以後、ひとりで行う健康法をひとつずつ試して格段に効果の高い健康法を見つける。それは、呼吸法、気功、イメージトレーニング、太極拳、自力整体など「気」を活用する健康法。一言でいえば「気功」。そして遂にあれほど苦しんだ脊椎管狭窄症を克服。２００２年これらの体験を土台にした「富士健康クラブ」を主宰して現在に至る。様々な健康法を試行する過程で様々な不思議体験を重ねる。「気とは何か？」、「意識とは何か？」、「いのちとは何か？」、「宇宙のしくみは？」などの探求を続けている。

「富士健康クラブ」
HOME PAGE：　fujikc.exblog.jp
EMAIL：　sekiguchi.m＠ozzio.jp
TEL/FAX：　042-536-1273

大宇宙のしくみが解かってきた！

21の仮説群による驚きの統合宇宙論

2015年12月20日　初版第1刷発行

著　　者　関口素男
発 行 人　福永成秀
発 行 所　株式会社カクワークス社
〒150-0043　東京都渋谷区道玄坂2-18-11　サンモール道玄坂212
電話　03(5428)8468　ファクス03(6416)1295
ホームページ　http://kakuworks.com

印刷・製本　日本ハイコム株式会社
装　　丁　なかじま制作
D　T　P　スタジオエビスケ

ISBN978-4-907424-04-6